翩翩飞来的

昆虫使者

主编◎王子安

Animal

汕头大学出版社

图书在版编目（ＣＩＰ）数据

翩翩飞来的昆虫使者 / 王子安主编. -- 汕头 : 汕头大学出版社，2012.5（2024.1重印）
ISBN 978-7-5658-0788-6

Ⅰ. ①翩… Ⅱ. ①王… Ⅲ. ①昆虫学－普及读物
Ⅳ. ①Q96-49

中国版本图书馆CIP数据核字(2012)第096822号

翩翩飞来的昆虫使者　　　PIANPIAN FEILAI DE KUNCHONG SHIZHE

主　　编：王子安
责任编辑：胡开祥
责任技编：黄东生
封面设计：君阅书装
出版发行：汕头大学出版社
　　　　　广东省汕头市汕头大学内　邮编：515063
电　　话：0754-82904613
印　　刷：唐山楠萍印务有限公司
开　　本：710 mm×1000 mm　1/16
印　　张：12
字　　数：71千字
版　　次：2012年5月第1版
印　　次：2024年1月第2次印刷
定　　价：55.00元
ISBN 978-7-5658-0788-6

前　言

　　这是一部揭示奥秘、展现多彩世界的知识书籍，是一部面向广大青少年的科普读物。这里有几十亿年的生物奇观，有浩淼无垠的太空探索，有引人遐想的史前文明，有绚烂至极的鲜花王国，有动人心魄的考古发现，有令人难解的海底宝藏，有金戈铁马的兵家猎秘，有绚丽多彩的文化奇观，有源远流长的中医百科，有侏罗纪时代的霸者演变，有神秘莫测的天外来客，有千姿百态的动植物猎手，有关乎人生的健康秘籍等，涉足多个领域，勾勒出了趣味横生的"趣味百科"。当人类漫步在既充满生机活力又诡谲神秘的地球时，面对浩瀚的奇观，无穷的变化，惨烈的动荡，或惊诧，或敬畏，或高歌，或搏击，或求索……无数的探寻、奋斗、征战，带来了无数的胜利和失败。生与死，血与火，悲与欢的洗礼，启迪着人类的成长，壮美着人生的绚丽，更使人类艰难执着地走上了无穷无尽的生存、发展、探索之路。仰头苍天的无垠宇宙之谜，俯首脚下的神奇地球之谜，伴随周围的密集生物之谜，令年轻的人类迷茫、感叹、崇拜、思索，力图走出无为，揭示本原，找出那奥秘的钥匙，打开那万象之谜。

　　昆虫在经历了亿万年的漫长历史，发展至今，成为最兴旺发达的一个大家族，追根究底有其独特的种族发展史。昆虫世界充满了生机、充满了趣味，无论是绚丽多彩的春天，还是骄阳似火的夏天，大自然中随

1

处可见昆虫忙碌的身影。昆虫不仅种类众多，立居榜首，而且个体数量之宠大难以想象，恐怕也是世上独一无二的。在令人胆颤的爬虫世界，又有着怎样引人入胜的多姿多彩？

《翩翩飞来的昆虫使者》一书分为四章，第一章为漫话昆虫家族，主要对昆虫的形体构造、生活习性以及发育和繁殖进行介绍；第二章叙述的是多姿多彩的昆虫世界；第三章介绍的是有关昆虫的文化；第四章即透过昆虫窗口，发现与昆虫世界有关的精彩。本书通过对昆虫相关知识的叙述，使读者更清楚地了解昆虫世界的多姿多彩。本书集知识性与趣味性于一体，是青少年课外拓展知识的最佳知识读本。

此外，本书为了迎合广大青少年读者的阅读兴趣，还配有相应的图文解说与介绍，再加上简约、独具一格的版式设计，以及多元素色彩的内容编排，使本书的内容更加生动化、更有吸引力，使本来生趣盎然的知识内容变得更加新鲜亮丽，从而提高了读者在阅读时的感官效果。

由于时间仓促，水平有限，错误和疏漏之处在所难免，敬请读者提出宝贵意见。

2012年5月

目录
CONTENTS

第三章　昆虫文化之瑰宝

第四章　昆虫之窗

第一章

漫话昆虫家族

昆虫最早起源于水生节肢动物的多足纲的综合类初期幼虫，是寡节的六足型式。原始昆虫的模样不同于现代昆虫，它们从出卵后的幼期到成虫期，除了性逐渐成熟和体节数增加外，体躯与体态基本一样，体躯无翅，腹足尚未完全退化，有的则特化为跳器，而这些原始特征在现在低等的无翅亚纲昆虫中仍可见到。如增节的发育方式在原尾目中仍然保留；外口式口器和齐全的腹部附器在缨尾目中继承了下来。它们的生命发育变化均属于不完全变态。后经漫长的演化，通过了各个地质时期特定环境的影响，由水生至陆生，使得它们的新陈代谢类型、相应功能和身体构造都发生了巨大的变化，并形成了各种变态类型，从而从低级演变、进化至高级阶段，才逐渐分化成为现在我们所看到的各种各样的昆虫类群。

昆虫简介

昆虫是动物界中无脊椎动物的节肢动物门昆虫纲的动物，是动物界中最大的一个类群，无论是个体数量、生物数量，还是种类与基因数，它们在生物界中都占有十分重要的地位。其基本特点是体躯三段头、胸、腹，2对翅膀3对足；1对触角头上生，骨骼包在体外部；一生形态多变化，遍布全球旺家族。昆虫的构造有异于脊椎动物，它们的身体并没有内骨骼的支持，外裹一层由几丁质构成的壳。这层壳会分节以利于运动，犹如骑士的甲胄。

昆虫通常是小型到极微小的有段动物，属于节肢动物的成员之一。昆虫最大的特征就是身体可分为三个不同区段：头、胸、腹。它们有6条相连接的脚，而且通常有2对翅膀贴附于胸部。它们在希留利亚纪时期进化，而到石炭纪时期则出现有70厘米翅距的大型蜻蜓。它们今日仍是相当兴盛的族群，已有超过一百万的种类。

昆虫与人类的关系复杂而密切，有些昆虫给人类造成极大的灾难，有些种类则给人类提供了丰富的资源。在汉语中，"昆"的意思

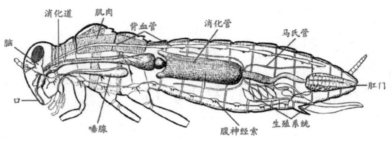

消化道　肌肉　背血管　消化管　马氏管

脑

口

唾腺　腹神经索　生殖系统　肛门

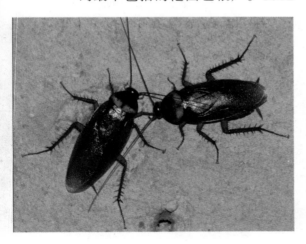

之一是众多、庞大，而"虫"字所指的范围更广，刘安、董仲舒的"五虫说"和《大戴礼·易本命》中的"虫"为所有动物的总称。1890年，方旭在《虫荟》一书中把"羽、毛、昆、鳞、介"5类动物中的219种小动物归为"昆虫"类，"昆虫"一词才具有近代概念。在西方语言中，"昆虫"一词最早包括的范围也很广。1602

年，U.Aldrovandi所写的《昆虫类动物》中，"昆虫"包括了节肢动物、环节动物、棘皮动物等。1758年，林奈在其巨著《自然系统》第10版中所命名的昆虫纲里包括有蛛形纲、唇足纲等节肢动物。1825年，P.A.Latreille设立六足纲，将"昆虫"规范为体分头、胸、腹的六足节肢动物。

　　昆虫在生物圈中扮演着很重要的角色。虫媒花需要得到昆虫的帮助，才能传播花粉。而蜜蜂采集的蜂蜜，也是人们喜欢的食品之一。在东南亚和南美的一些地方，昆虫本身就是当地人的食品。但有一部分昆虫是人类的害虫，如蝗虫和白蚁。还有一些昆虫，例如蚊子，则是疾病的传播者。

昆虫的形体构造

头部构造

头部是昆虫身体最前面的一个体段，是昆虫的感觉和取食中心。头部是由几个体节愈合成的，外壁坚硬，形成头壳。头的上前方有1对触角，下方是口器（嘴），两侧通常有1对大的复眼，头顶常有1~3个小的单眼。这些器官的形态因昆虫种类不同而起着变化。

1. 复眼与单眼

昆虫的眼睛包括单眼与复眼，单眼又有背单眼与侧单眼之分。除了寄生性昆虫因为长期过着寄生生活，眼睛已经退化，或虽有眼睛但已不起视觉作用外，一般昆虫的成虫和不全变态类的若虫都有1对复眼，头顶上还有1~3个背单眼。完

全变态类的幼虫则在头部的两侧具有1~7个侧单眼。昆虫通过单眼与复眼对外界光的变化做出反应，进行觅食、求偶、定向、休眠、滞育等活动。

复眼是昆虫的主要视觉器官，通常在昆虫的头部占有突出的位置。多数昆虫的复眼呈圆形、卵圆形或肾形。有些昆虫的复眼在每侧又分为上、下两个，成为"四眼"昆虫，例如眼天牛、豉甲和浮游的一些种类。特别是生活在水中的豉甲，由于它的复眼分为上、下两部分，因而在猎食时既能发现水面的目标，又能发现水中的目标。在突

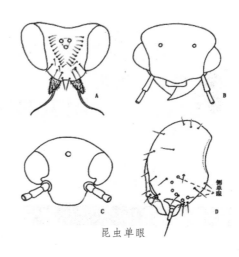

昆虫单眼

蜻蜓的复眼

眼蝇中，复眼着生在头部两侧的柄状突上。

复眼是由许多六角形的小眼组成的，每个小眼与单眼的基本构造相同。复眼的体积越大，小眼的数量就越多，看东西的视力也就越强。复眼中的小眼的数目变化很大，从最少的只有1个小眼，到最多的有数万个小眼。例如有一种蚂蚁的工蚁只有1个小眼，蝴蝶有1.2~1.7万个小眼，蜻蜓则有1~28万个小眼，家蝇有4000个小眼。

小眼的构造很精巧，它有一个如凸透镜一样的集光装置，叫角膜镜，就是小眼表面的六角形凸镜，

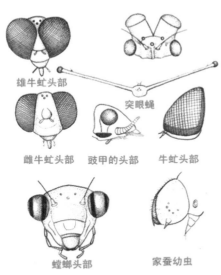

雄牛虻头部

突眼蝇

雌牛虻头部　　蚊甲的头部　　牛虻头部

螳螂头部　　　　　家蚕幼虫

昆虫头部图

下面连着圆锥形的晶体，在这些集光器下面连接着视觉神经。神经感受集光器传入的光点而感觉到光的刺激，而后造成"点的影像"，许多小眼的点的影像相互作用就组成"镶嵌的影像"。如果把昆虫的1只复眼纵向剖开，在放大镜或显微镜下观察，多棱的小眼聚集在一起，很像一只奇妙的万花筒。

昆虫的复眼虽然由许多小眼组成，但它们的视力远不如人类的好，蜻蜓可以看到1~2米，苍蝇只能看到40~70毫米。可是，昆虫对于移动物体的反应却十分敏感，当一个物体突然出现时，蜜蜂只要0.01秒就能做出反应。捕食性昆虫对移动物体反应能力更加迅速敏捷。

昆虫与人类一样，可以分辨不同的颜色，但与人类感受的波长不同。昆虫能感受到的波长范围为240（紫外光）~700（黄、橙色）毫微米。蜜蜂不能区分橙红色与绿色；荨麻蛱蝶看不见绿色和黄绿色。一般昆虫不能感受红色。

2. 触角

昆虫除原尾目无触角、高等双翅目和膜翅目幼虫的触角退化外，

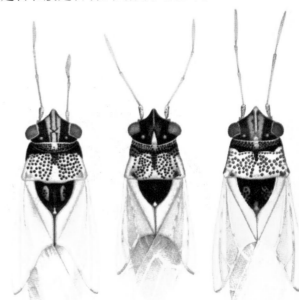

其他种类都有1对触角。触角长在昆虫两只复眼的中上方，昆虫活动的时候，这两根触角总是不停地摆动着，东察西探，像是在寻找猎物的雷达。

触角是主要的感觉器官，有嗅觉、触觉和听觉的功能。触角能够帮助昆虫寻找食物和配偶，并探明身体前方有无障碍物。在有些昆虫中，触角还有其他用处，例如魔蚊幼虫用触角来捕捉食物，仰泳蝽的触角在水中能平衡身体，水龟虫的触角则可以用来帮助呼吸。

触角都长在头前面的两个叫做触角窝的小坑里，通常由许多小节组成，基本上可以分为三大节。靠近触角窝的一节通常比较短粗，是支撑上面各节的，相当于树叶的柄，叫做柄节。第二节较为细小，叫做梗节。第三节称为鞭节，是第二节以后的整个部分，通常分成很

多亚节。有的昆虫雌、雄性的触角各不相同，例如一些蛾类。了解触角的类型，可以用来识别昆虫。触角主要分为以下几类：

（1）线状（丝状）：触角细长，呈圆筒形。除第一、二节稍大外，其余各节大小、形状相似，逐

白　蚁

渐向端部变细。例如蝗虫、蟋蟀及一些蛾类等。

（2）念珠状：鞭节由近似圆珠形的小节组成，大小一致，像一串念珠。例如白蚁、褐蛉等。

（3）锯齿状：鞭节各亚节的端部一角向一边突出，像一个锯

叩头虫

条。例如叩头虫、雌性绿豆象等。

（4）栉齿状：鞭节各亚节向一边突出很长，形如梳子。例如雄性绿豆象等。

（5）双栉齿状（羽状）：鞭节各亚节向两边突出成细枝状，很像鸟的羽毛。例如雄性蚕蛾、毒蛾等。

（6）棒状（球杆状）：触角细长，近端部的数节膨大如椭圆球状。例如蝶类（是鳞翅目中蝶与蛾的主要区别特征之一）、蚁蛉等。

（7）锤状：鞭节端部数节突然膨大，形状如锤。例如瓢虫、郭公虫等。

（8）鳃叶状：端部数节扩大

9

部的一、二节较大，其余的节突然缩小，细似刚毛。例如蜻蜓、蝉、飞虱等。

（12）具芒状：触角很短，鞭节仅一节，较柄节和梗节粗大，其上有一根刚毛状或芒状构造，称为触角芒。触角芒有的光滑，有的具毛或呈羽状。这类触角为双翅目蝇类所特有。

成片状，可以开合，状似鱼鳃。这种触角为鞘翅目金龟子类所特有。

（9）膝状（肘状）：柄节特别长，梗节短小，鞭节由大小相似的亚节组成，在柄节和梗节之间成肘状或膝状弯曲。例如象鼻虫、蜜蜂、小蜂等。

（10）环毛状：除基部两节外，每节具有一圈细毛，近基部的毛较长。例如雄性的蚊、摇蚊等。

（11）刚毛状：触角很短，基

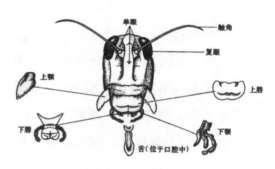

蝗虫的口器

3．各式各样的口器

口器是昆虫的嘴巴，担负着取食的重任。昆虫食料来源很广，有固体的，也有液体的；有暴露在外的，也有深藏在内的。因此，昆虫就有了各种各样相应的取食方式和口器类型。

（1）咀嚼式口器

这种口器在昆虫中是比较典型的，其他类型都是由这种类型演变而来的。咀嚼式口器是用来取食固体食物的。它和人的嘴巴一样，有上唇、下唇、上颚（牙齿）和舌，但同时它还有下唇须、下颚和下颚须。上颚的前端有锋利的齿，叫做切区，用来切断食物；它的后部有一粗糙面，叫做磨区，用来磨碎食物。因此，昆虫的上颚与人类牙齿的排列和功能有异曲同工之处。下唇须、下颚和下颚须是感觉和辅助取食器官，下唇须和下颚须有味觉、嗅觉和触觉的功能。蝗虫的口器是咀嚼式口器的代表，此外，鞘翅目的成虫和幼虫、脉翅目成虫、鳞翅目幼虫及膜翅目多数成虫也都是咀嚼式口器。

（2）刺吸式口器

吸食动物血液和植物汁液的昆虫的口器就像一个空心的注射针头，取食时把针状的口器插到动植物的组织内吸食其中的汁液，这种

口器叫做刺吸式口器。刺吸式口器的构造很巧妙，实际上就是把原来的下唇延长成一个收藏或保护口针的喙，上颚和下颚的一部分演变成细长的口针。口针的数目有变化，蝉有4根，虱子有3根，而蚊子有6根口针。此外，刺吸式口器还必须有专门的抽吸构造——食道唧筒。

蓟马的口器也是刺吸式类型的，但它们的口器与典型的刺吸式口器有所不同。蓟马的头部向下突出，其上唇和下唇合成一个短小的喙，内藏舌、左上颚和下颚口针，其右上颚已退化或消失。取食时，口针插入植物组织内，将其刮破，

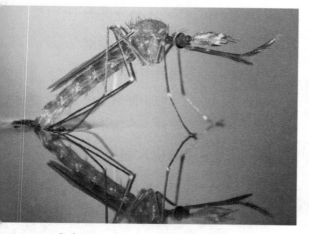

蚁狮

待汁液流出后再吸入消化道内。这种特殊的刺吸式口器常被称为锉吸式口器。

脉翅目幼虫（蚜狮、蚁狮）具有捕食性的刺吸式口器，简称捕吸式口器，其特点是上颚和下颚从两侧伸出头前，外形似1对镰刀。这类口器由左、右的上下颚分别合成刺吸构造，因而常被叫做双刺吸式口器。

具有刺吸式口器的昆虫在取食过程中还常会传播疾病，使动植物感染流行病。例如蚜虫等同翅目昆虫传播植物病毒病，蚊子、跳蚤等传播疟疾等。

（3）虹吸式口器

虹吸式口器是蝴蝶和蛾类特有的口器，它能吸到花朵深处的花蜜，因为这类口器长得像一根中间空心的钟表发条，用时能伸开，不用时就盘卷起来。这根喙管是由左右下颚的外颚叶极度延长后合在一起形成的，它由无数的骨化环紧密排列而成，环间有膜相连，故能伸能屈。下唇只留下发达的下唇须。这种构造一般用来吸食花蜜、水、腐烂的动植物汁液，有的也吸食成熟的果实。

（4）舐吸式口器

苍蝇吃东西又吸又舔，因此口器就像一个蘑菇头。喙是由下唇特化而来的，其前壁向下纵凹成唇槽，上唇呈刀状盖在上

面，槽内藏着扁长的舌头，舌与槽形成食物道。喙在外形上是由主要为膜质的基喙、筒状的中喙和末端分为2瓣的端喙（即唇瓣）组成的。唇瓣上有一系列环沟，环沟集中到中央的缺口——前口上，前口附近的环沟间有齿，称前口齿。

取食时，两唇瓣展开平贴到食物上，使环沟的空隙与食物接触，液体食物即顺环沟流向前口而进入食物道。唇瓣也可向后翻转，使前口齿外露，刺刮固体食物，食物碎粒和液体一起吸入。舐吸式口器为蝇类成虫所特有。

蝇类幼虫与成虫的口器不同，它们的口器很退化，只能见到一对口钩，用来刮破食物，然后吸收汁液及固体碎屑。这种口器称为刮吸式口器。

（5）刮舐式口器

这类口器为双翅目若干吸血性虻类所具有。其上颚特化成扁平宽大的刀片状，可以像剪刀一样剪破动物的皮肤，使血液从伤口流出，下颚延长为针状，上、下抽动使伤口保持张开，下唇端部扩大成唇瓣，构造同舐吸式口器。当唇瓣贴在伤口上时，渗出的血液由唇瓣上

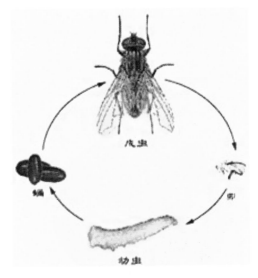

的环沟吸入食物道。

（6）嚼吸式口器

顾名思义，嚼吸式口器既能咀嚼固体食物，又能吸收液体食物，为一些高等膜翅目昆虫所具有。蜜蜂的口器是这类口器的典型代表。它的上颚与咀嚼式口器相仿，用以咀嚼花粉和筑巢等。它的下颚和下唇组成吮吸用的喙。蜜蜂的喙仅在吸食时才由下颚和下唇合并而成，不用时则分开并折叠在头下。这时，上颚即可发挥咀嚼作用。

胸部构造

1. 巧尽其用的足

足是昆虫的运动器官。昆虫一般有3对足，在前胸、中胸和后胸各有一对，称前足、中足和后足。昆虫的种类不同，习性不同，生活的场所也不同，因此足的形状发生了很大的变化：如瓢虫、天牛的为步行足，蝗虫、蟋蟀的为跳跃足，螳螂、猎蝽的为捕捉足，而蝼蛄的为开掘足，蜜蜂的为携粉足，龙虱、仰蝽的为游泳足，此外还有抱握足、攀缘足等。

2. 多姿多彩的翅膀

一般的昆虫只有一对翅比较发达，如甲虫、蟋蟀的翅。甲虫类的前翅骨化程度较高，看不到翅脉，形成了鞘翅；蝗虫、蟋蟀等昆虫前翅骨化程度较低，革质而半透明，称为直翅（复翅）。蝽类的前翅仅基部半骨化，称为半鞘翅；蝶与蛾的透明膜翅上覆盖有色彩斑斓的鳞片，因此称为鳞翅；石蛾的翅上生有很多毛，称为毛翅；蓟马的翅边缘上有很多长毛，称为缨翅。

⊕ 腹部构造

1. 昆虫的繁殖器官

雌成虫的第8节和第9节生有产卵的构造，称作产卵器。产卵器一般为管状，由位于第8节上的第一产卵瓣及位于第9腹节上第二、第三产卵瓣组合而成，第三产卵瓣是产卵器的背面（背产卵瓣），第一产卵瓣是腹面（腹产卵瓣），第二产卵瓣在中间（内产卵瓣）。昆虫的产卵器形态多种多样：蟋蟀的产卵器呈长矛状；螽斯的产卵器像一把大刀；叶蜂

的产卵器很象一把带齿的锯；一些蜂类的产卵器是细长的螯针，有的短小，特化成能注射毒液的螯刺，平时藏在体内，捕获猎物时伸出螯刺寄主，或用来防御敌害，卵则从螯刺基部产出，如胡蜂，蜜蜂等；姬蜂的产卵器通常很长，甚至超过体长数倍，能够很方便地将卵产在

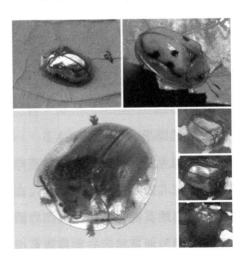

寄主体表或体内。并不是所有的昆虫都有产卵器，如甲虫、蝶、蛾、蝇等，产卵由腹部末端来执行，它们的腹部末端数节逐渐变得细长而相互套叠，产卵时可以伸得很长，将卵产在缝

隙、物体表面或凹陷的地方。这种构造称作伪产卵器。有翅亚纲中一些低等的种类，如蜉蝣，也没有特化的产卵器，卵是通过两条侧输卵管在第7节腹板后的膜上形成的一对产卵孔产出的。产卵器的形状、构造及有无可以帮助我们了解昆虫产卵的方式和习性，比如具有锥状产卵器的蝗虫和矛状产卵器的蟋蟀是在土中产卵的，而没有特化的产卵器的昆虫就只能把卵产在物体表面或

浅层缝隙中。蝉、叶蝉等具有针状的产卵器，它们和具有锯状产卵器的叶蜂、树蜂一样总是将卵产在植物组织中，而寄生性的蜂类常用外露的针状产卵器来将卵产在寄主的体内或体表。

雄虫的外生殖器称做交配器，是用来交尾的构造。交配器主要包括阳具和抱握器两部分。阳具将精子送入雌虫体中，抱握器在交配时负责

握持雌虫的身体，使之处于合适的体位。阳具一般为锥状或管构造，包括阳茎基和阳茎，阳茎端部为射精管的开口处。交配时，在肌肉活动和血液的压力下，阳茎伸出体外，直至深插至雌体的

交配囊内将精子输入交配囊。抱握器多来源于第九腹节的附肢，形状变化很大。无论阳具还是抱握器在不同类群中均呈现出不同变化，如直翅目、蜚蠊目、螳螂目昆虫，它们的雄性外生殖器只有阳具及其衍生构造，没有抱握器，而同翅目昆虫除了具有发达的阳具外，还有辅助交配器，其中包括抱握器。不同种昆虫的外生殖器形态差异很大，以此来实现种间隔离，保证只有同种个体才能交配。因此，雄性外生殖器的构造在昆虫分类中很重要，特别是近缘种类的鉴定，离开雄性

外生殖器几乎无法区别。

2．尾须

尾须通常是1对须状的突起，磁卡生在第11腹节转化成的肛上板和肛侧板之间的膜上；虽然有时好像生在第10节上，但它们是第11腹节的附肢。尾须只在低等的昆虫，如蜉蝣目、蜻蜓目等昆虫中较为常见，并且形状、构造变化较大。蝗虫的尾须如刺状，不分节；蜉蝣、衣鱼等昆虫的的尾须呈细

丝状，分成许多节，昆虫的尾须上常有许多感觉毛，是感觉器官。但铗尾虫和蠼螋的尾须硬化，形如铗状，用以防御；蠼螋的细状尾须还可以帮助折叠后翅。

 昆虫的生活习性

在环境太热时，陆生昆虫会寻找一个阴凉潮湿的处所。如暴露在

阳光下，它会使自己处于体表受热面积最小的位置。如太冷，昆虫则会留在阳光下取暖。许多蝴蝶在飞行前需展翅收集热量。蛾在飞行前震动翅或抖动身体，并藉毛或鳞片在身体周围形成一层空气绝缘层保住体热。最适于昆虫飞行的肌肉温度是38℃～40℃。在严寒时，身体结冻是对昆虫最大的危险。

在寒冷地区能越冬的昆虫种类称为耐寒昆虫。少数昆虫能忍受体液中出现冰晶，不过在这种情况下细胞内含物可能并未冻结。但大多数昆虫的耐寒意味着阻止冰冻。抗冻作用部分是由于集聚了大量的甘油作为抗冻剂，部分是由于血液中的物理变化，温度远在冰点之下而仍不冻。防干旱包括坚硬的防水蜡以及扩大贮水的机制。水生昆虫除了步足发生显著的变化而适于游泳外，其主要适应性变化在于呼吸。有的升到水面呼吸。蚊子利用呼吸管末端的最后一对腹气孔吸气。龙虱在鞘翅与腹部之间有一贮气室。呼吸空气的昆虫在体表的毛间形成空气层，作用如鳃，使它能从水中取得氧气，延长潜水的时间。摇蚊幼虫整个表皮层有丰富的气管。毛翅目和蜉蝣目幼虫有气管鳃。大型的蜻蜓幼虫鳃在直肠内，水从肛门进出提供氧气。

昆虫种类繁多，这同昆虫食性的分化是分不开的。据统计，在所有的昆虫中，吃植物的约占48.2%，称为植食性；吃腐烂物质的约占17.3%，称为腐食性；寄生性昆虫占2.4%，捕食性的约占28%，两者合称肉食性；其他都是杂食性的，它们既吃动物性食物，又吃植物性食物。从这些统计数字可以看出，吃植物的昆虫在所有昆虫中所占数量最大。现有的昆虫约有一半是以高等植物为食。植食性昆虫由于口器构造不同，取食方法和取食植物的部位也不一样。有的取食植物组织，有的取食汁液，有的吃叶，有的蛀茎，有的咬根，有的吃花朵和种籽，有的可取十几个部位。因此，在同一种植物上可以

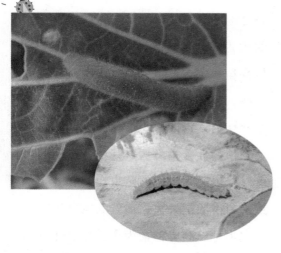

有几种到几十种甚至几百种昆虫。

在食性分化的基础上，还可根据昆虫食物范围的多少进一步将昆虫分为单食性、寡食性和多食性等食性特化类型昆虫。有的昆虫只吃一种植物，不吃其他植物，即便偶尔咬上几口，也绝不能完成它取食阶段的生活期。它们多半是活动能力较小，或钻蛀到植物茎秆和叶子组织里生活的种类。如三化螟只取食水稻，梨实蜂只为害梨，

豌豆象只为害豌豆。这类昆虫称为单食性昆虫；有些昆虫只吃很少数几种植物，或者与这几种植物有亲缘关系的种类。如小菜蛾幼虫能取食十字花科的39种蔬菜，这类昆虫称为寡食性昆虫；还有的昆虫对许多种在自然系统上几乎无亲缘关系的植物都能吃。如棉铃虫的幼虫，可取食20多科200多种植物。这类昆虫称为多食性昆虫。即使是像棉铃虫这样的多食性害虫，对食物仍有一定的选择性，在这些植物中，它们最喜欢吃的是锦葵科、茄科和豆科。即使在最喜欢吃的植物中，它们还要挑选蕾、花、果实等繁殖器官取食。

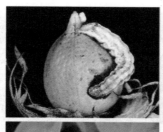

昆虫的隐蔽与假死

昆虫的隐蔽

昆虫的隐蔽是指昆虫为了躲避敌害、保护自己而将自己隐藏起来的现象，包括拟态、保护色和伪装。

（1）拟态

拟态是一种动物在外形、姿态、颜色、斑纹或行为等方面"模仿"其他种类生物或非生命物体，以躲避敌害、保护自己的现象。

拟态是动物朝着自然选择向有利的特性发展的结果。从生物学意义上讲，拟态可以分为贝氏拟态和缪氏拟态两种主要类型。贝氏拟态的特点是"被模拟者"不是捕食动物的食物，而"模拟者"是捕食动物的食物。例如君主斑蝶的幼虫因取食萝藦草而使得成虫血液中含有一种毒糖苷，能使取食它的

鸟类呕吐。而"模拟"君主斑蝶的北美副王蛱蝶无毒。因此，如果鸟类曾吃过北美副王蛱蝶，那么以后君主斑蝶也会受到袭击。但是，若先吃过君主斑蝶，鸟类会中毒呕吐，以后就不敢伤害这两种蝴蝶。

缪氏拟态是数种关系不密切且均不合天敌口味的动物彼此间的拟态，即"模拟者"和"被模拟者"都不可食，捕食动物只要误食其一，则以后"模拟者"和"被模拟者"都不会再受侵害。在红萤科、蜂类、蚁类中均可见到这种拟态现象。

（2）保护色

保护色或称隐藏色，是指一些昆虫的体色与其背景色非常相似，从而可以躲过捕食性动物的视线而获得保护自己的效果，这种与背景相似的体色称为保护色。如菜粉蝶蛹的颜色因化蛹场所的背景颜色的不同而不一样，在青色甘蓝叶上的

蛹常为绿色或蓝
绿色，而在灰褐
色篱笆或土墙上
的蛹多呈褐色。
而另一些昆虫的
体色断裂成几部
分镶嵌在背景色
中，从而起到躲
避捕食性天敌的
作用，这种保护
色又叫混隐色。
如一些生活于树
干上的蛾类，其
体色常断裂成碎
块，镶嵌在树皮
与裂缝的背景色中。

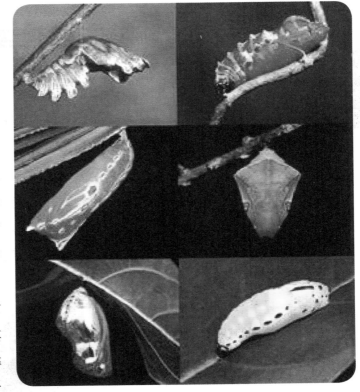

　　在一些昆虫中，保护色还经常
连同外形与姿态也与背景相似联系
在一起，以获得更好的保护效果，
这在枯叶蝶、尺蠖、竹节虫、螽斯
等昆虫中较普遍。例如，枯叶蝶停
息时双翅竖立，翅背面极似枯叶，
甚至有树叶病斑状的斑点；尺蠖在
树枝上栖息时，以腹足和臀足固定

在枝条上，身体斜立如枝条。但在
另一些昆虫中，保护色却与警戒色
协调使用，更有利于保护自己。所
谓警戒色是指昆虫具有的使其天敌
不敢贸然取食或厌恶的鲜艳色彩或
斑纹，这在鳞翅目、螳螂目、半翅
目、鞘翅目和双翅目等昆虫中较常
见。如蓝目天蛾的前翅颜色与树皮
相似，后翅颜色鲜明并有类似脊椎

动物眼睛的斑纹，遇袭时前翅突然展开，露出颜色鲜明而有蓝眼状斑的后翅，将袭击者吓跑。

（3）伪装

伪装是指昆虫利用环境中的物体来伪装自己的现象。伪装多见于同翅目、半翅目、脉翅目、鞘翅目、鳞翅目等昆虫的幼期。如沫蝉的若虫利用泡沫隐藏自己；一些叶甲的幼虫将蜕黏在体背或腹末等等。

昆虫的假死

假死是指昆虫受到某种刺激而突然停止活动、佯装死亡的现象。如金龟子、象甲、叶甲、瓢虫和蟓象的成虫以及粘虫的幼虫，当受到突然刺激时，身体卷缩，静止不动或从原栖息处突然跌落下来呈"死亡"状，稍后又恢复常态而离去。

昆虫的发育与繁殖

　　昆虫幼虫的孵出有多种多样的途径。如蛾、蝶类动物咬破卵壳而出；蚤有孵化刺，用刺在壳上切一缝；有的推掉卵壳上的卵盖而出卵。幼虫孵化时能吞入空气，以便用力挣出卵壳；在孵出后到表皮硬化前，继续吞气，扩张自身。表皮一旦硬化，便不能再长，只有通过一系列蜕皮，在蜕去旧皮，长出较大的新皮之际才能长大。蜕皮时，体形可能骤变。多数原始的无翅昆虫，如衣鱼，在长大为成虫的过程中身体结构几乎没有变化，称为无变态昆虫。而蚱蜢（直翅目）、蝽（异翅目）和蚜虫（同翅目），起初体形不变，直到最后才变成有翅的成虫，生殖器也发育成熟，称不完全变态。高等的鳞翅目、鞘翅目、膜翅目和双翅目属于全变态，幼虫完全不像成虫；幼虫经一系列蜕皮变化，然后变蛹，再变为成虫。幼虫的形状多种多样，可分为5型：蠋型（蛾、蝶类动物）、蛴螬型、衣鱼型（蚴型）、

叩头虫幼虫型和蛆型。蛹分为被蛹（附肢不同程度地紧贴在体上）、离蛹（附肢不紧贴在体上）和围蛹（本质上是离蛹，但被幼虫皮所形成的囊包围）。蜕皮和变态都受激素的控制。蜕皮是由脑中的神经分

态成为成虫。在全变态昆虫中，蛹在有极少量保幼激素的情况下发育。滞育虽然在任何虫期都能发生，但在蛹期最为常见。在温带，许多昆虫以蛹期越冬。

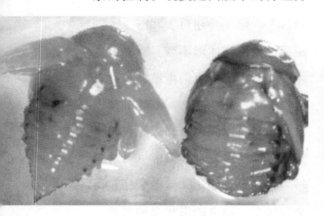

除了发育时形态的变化外，许多昆虫成虫后有多态现象。例如：工蚁和后蚁，工蜂和后蜂均不同；

泌细胞产生的激素发动的。这种激素作用于前胸的一个内分泌腺——前胸腺，前胸腺产生蜕皮激素，作用于真皮层，刺激生长和形成表皮。变态同样受激素控制：在整个幼虫阶段，脑后有一个小腺体叫咽侧体，分泌保幼激素。只要血液中有保幼激素，正在蜕皮的真皮细胞产生幼虫表皮。至最后一龄幼虫时不再产生保幼激素，于是昆虫就变

白蚁有兵蚁、繁殖蚁和持续的幼虫；蚜虫成虫则有无翅和有翅之分；有些蝴蝶有引人注目的季节两态性。这些差别可解释为：每一种昆虫的每个成员的基因中都有发育成不同型的能力，由于环境刺激引起特定的发育途径。激素或许是控制这些变化的环节。多数昆虫营有性生殖。蝴蝶的视力很重要，雌蝶的色泽在飞行中能吸引同种的雄蝶。蜉蝣和有些蠓的雄虫成群飞舞吸引雌虫。某些雌甲虫的部分脂肪体形成一个发光的器官吸引雄虫。雄蟋蟀和蚱蜢发声吸引雌虫，雄蚊

激素或来自神经分泌细胞的激素。没有这些激素，则生殖中断。这些现象在冬季见于马铃薯甲虫。少数昆虫雄虫罕见，由雌虫进行孤雌生殖。温带的蚜虫在夏季只产生营孤雌生殖的雌蚜，胚胎在母蚜内发育（胎生）。某些瘿蚊幼虫的卵巢中卵母细胞能在孤雌情况下开始发育，幼体破坏母虫体壁逸出，这叫幼体生殖。

则被雌蚊飞行时发出的声音所吸引。但最重要的是气味。大多数雌虫分泌信息素引诱雄虫，雄虫同样也能产生吸引雌虫的气味。

交配和产卵需要适当的温度和营养。对蛋白质尤其需要，鳞翅目的成虫只吃糖和水，幼虫时贮备下必需的蛋白质。温度和营养常影响激素的分泌。产卵时通常需要保幼

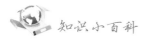

昆虫成为最繁盛的动物类群的原因

（1）有翅能飞

昆虫是无脊椎动物中唯一有翅的一类，也是动物中最早具有翅的一个类群。飞翔能力的获得，给昆虫在觅食、求偶、避敌、扩散等方面带来了极大的好处。

（2）繁殖力强

昆虫具有惊人的繁殖能力。大多数昆虫产卵量在数百粒范围内，具有社会性与孤雌生殖的昆虫生殖力更强，如果需要，一只蜜蜂一生可产卵百万粒。有人曾估算一头孤雌生殖的蚜虫如果后代全部成活并继续繁殖的话，半年后蚜虫总数可达6亿个左右。强大的生殖潜能是昆虫种群繁盛的基础。

（3）体小优势

大部分昆虫的体型较小，不仅少量的食物即能满足其生长与繁殖的营养需求，而且使其在生存空间、灵活度、避敌、减少损害、顺风迁飞等方面都具有很多优势。

（4）取食器官多样化

不同类群的昆虫具有不同类型的口器，即咀嚼式口器、嚼吸式口器、舐吸式口器、刺吸式口器、虹吸式口器等5种，一方面避免了对食物的竞争；另一方面部分程度地改善了昆虫与取食对象的关系。

（5）具有变态与发育阶段

绝大部分昆虫为全变态，其中大部分种类的幼期与成虫期个体在生境及食性上差别很大，这样就避免了同种或同类昆虫在空间与食物等方面的需求矛盾。

（6）适应力强

从昆虫分布之广、种类之多、数量之大、延续历史之长等特点我们可以推知其适应能力之强，无论对温度、饥饿、干旱、药剂等昆虫均有很强的适应力，并且昆虫生活周期较短，比较容易把对种群有益的突变保存下来。对于周期性或长期的不良环境条件，昆虫还可以休眠或滞育。有些种类的昆虫还可以在土壤中滞育几年、十几年或更长的时间，以保持其种群的延续。

第二章

多姿多彩的昆虫世界

昆虫世界充满了生机和趣味，无论是绚丽多彩的春天，还是骄阳似火的夏天，大自然中随处可见昆虫忙碌的身影。昆虫不仅种类众多，立居榜首，而且个体数量之庞大，恐怕也是世上独一无二的。昆虫生活的环境也比较广泛，无论是地球的两极、赤道、地上、地下、淡水、海水、沙漠、温泉，还是动植物体内体外，几乎任何地方都有昆虫的踪迹。可以说，在自然界中昆虫无处不在，是生生不息的自然界中重要的一员。昆虫与环境的适应关系是亿万年来长期进化的结果。人类生活周围有无数的昆虫，但我们对它们的生活习性及在生态系统中的作用研究清楚的并不多，多数还处在无知状态。理解昆虫、探索昆虫，并与昆虫共存，这样才能使我们赖以生存的地球更加充满生机。本章让我们一起来走进多姿多彩的昆虫世界。

昆虫的种类

　　昆虫学家估计现存的昆虫种类在200～500万种之间。种类最多的目为鞘翅目、鳞翅目、膜翅目和双翅目。大多数昆虫为小型，长一般不到6毫米，但大小相差悬殊。有些极小，如寄生蜂；而某些热带昆虫则相当大，长可达16厘米。许多种类的两性结构不同。如捻翅目的雌虫仅成一个充满了卵的不活动的袋状构造，而雄虫有翅，非常活跃。生殖方式不同，生殖力强。某些昆虫（如蜉蝣）只在幼虫期取食，而成体不取食。社会昆虫中，蚁后和蟹后（白蚁后）可以活50年以上，而有的蜉蝣成虫的寿命不到两小时，生活习性不一。分布密度差异极大，在一湿土中昆虫可多达400万只，但在同一范围内也许只能偶尔见到一只蝴蝶、熊蜂或甲虫等大昆虫。从沙漠到丛林、从冰原到寒冷的山溪到低地的死水塘和温泉，每一个淡水或陆地栖所，只要有食物，都有昆虫生活。有许多生活在盐度高达海水的1/10的咸淡水中，少数种类生活在海水中。有的双翅目幼虫能生活于原油池中，取食落入池中的昆虫。昆虫卵壳上通常有呼吸孔，并在壳内形成一个通气的网络。有些昆虫的卵黏在一起形成卵鞘。有的昆虫以卵期度过不良环境。如某些蚱蜢以卵度过干旱的夏季，待潮湿季节时再发育。在干燥条件下伊蚊的卵在发育完成后进入一个休眠期，如放入水中，迅速孵化。

昆虫纲由无翅亚纲和有翅亚纲这两个亚纲及其33个目所组成。常见的有：

◈ 鳞翅目

鳞翅目包括蛾、蝶两类昆虫。属有翅亚纲、全变态类。全世界已知约有20万种，中国已知的约8000余种。该目为昆虫纲中仅次于鞘

翅目的第2个大目。其中蛾类6000种，蝶类2000种。同时也是农林害虫最多的一个目，如黏虫、稻纵卷叶螟、小地老虎等。

鳞翅目昆虫分布范围极广，以热带种类最为丰富。绝大多数种类的幼虫为害各类栽培植物，体形较大者常食尽叶片或钻蛀枝干。体形较小者往往卷叶、缀叶、结鞘、吐丝结网或钻入植物组织取食为害。成虫多以花蜜等作为补充营养，或口器退化不再取食，一般不造成直接危害。有许多重要害虫，如桃小食心虫、苹果小卷叶蛾、棉铃虫、

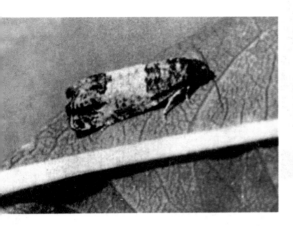

菜粉蝶、小菜蛾以及许多鳞翅目仓虫，如印度谷螟等。此外，著名的家蚕、柞蚕也属于本目昆虫。

◈ 鞘翅目

鞘翅目通称甲虫。属有翅亚刚、全变态类。全世界已知约33万种，中国已知约7000种。该目是昆虫纲中乃至动物界种类最多、分布最广的第一大目。体小至大形。复眼发达，常无单眼。触角形状多变。体壁坚硬，前翅质地坚硬，角质化，形成鞘翅，静止时在背中央相遇成一直线，后翅膜质，通常纵横叠于鞘。

鞘翅目多数种类属于世界性分布，如步甲、叶甲、金龟甲和象甲科的某些种类；少数种类主要分布于热带地区，至温带地区种类渐少，如虎甲、吉丁甲、天牛和锹甲科的某些种类。个别种类的分布仅局限于特定范围，如水生的两栖甲

天 牛

蛴 螬

科仅分布于中国的四川、吉林和北美的某些地区。本目中许多种类是农林作物的主要害虫，与人类的经济利益关系十分密切。

鞘翅目成、幼虫的食性复杂，有腐食性（阎甲）、粪食性（粪金龟）、尸食性（葬甲）、植食性（各种叶甲、花金龟）、捕食性（步甲、虎甲）和寄生性等。植食性种类有很多是农林作物主要害虫，有的生活于土中为害种子、块根和幼苗，如叩头甲科的幼虫（金针虫）和金龟甲科的幼虫（蛴螬）等；有的蛀茎或蛀干为害林木、果树和甘蔗等经济作物，如天牛科和吉丁甲科幼虫等；有的取食叶片，如叶甲类及多种甲虫的成虫；有的是重要的贮粮害虫，如豆象科的大多数种类专食豆科植物的种子等。捕食性甲虫中有很多是害虫天敌，如瓢甲科的大多数种类捕食蚜虫、粉虱、介壳虫、叶螨等害虫，步甲和虎甲能捕食多种小形昆虫，尤其是对鳞翅目幼虫等有很强的捕食能力。芫菁幼虫寄生于蝗卵和蜂巢内，大花蚤有些种类的幼虫寄生于蜚蠊体内，有些在蜂巢内营

36

寄生生活。腐食性、粪食性和尸食性甲虫，如埋葬虫科、蜣螂科中的许多种类，可为人类清洁环境。还有一些甲虫具有医药价值，其中应用较广的如芫菁科的某些种类成虫分泌的芫菁素（亦称斑蝥素），具有发泡、利尿、壮阳等功用，近年来在中医学上也用于治疗某些癌症。

蜻蜓目

蜻蜓目在昆虫纲中是比较原始的类群，也是较小的一个目。蜻蜓目分为三个亚目：差翅亚目统称"蜻蜓"，均翅亚目统称"螅"，以及发现于日本和印度的两种间翅亚目昆虫。全世界约有5000种，我国有300多种。蜻蜓身体粗壮，休

息时翅膀平展于身体两侧；螅身体细长，休息时翅膀束置于背上。间翅亚目则拥有粗壮的身体和束置于背上的翅膀。蜻蜓目属不完全变态昆虫，稚虫"水虿"在水中营捕食性生活。成虫也为肉食性种类，捕食小型昆虫，飞行迅速，性情凶猛。

双翅目

双翅目是节肢动物门、有颚亚门、昆虫纲、有翅亚纲的1目，是昆虫纲中仅次于鳞翅目、鞘翅目、膜翅目的第四大目。世界已知85000种，分布于世界各地。中国已知4000余种。双翅目昆虫体小型到中型。体长极少超过25毫米。

体短宽或纤细，圆筒形或近球形。头部一般与体轴垂直，活动自如，下口式。复眼大，常占头的大部；单眼单眼2个（如蠓科）、3个（如蝇科）、或缺（如蚋科）。触角形状不一，差异很大，一般长角亚目为丝状，由许多相似节组成；短角亚目3节，有时第3节分成若干环节，端芒有或无；环裂亚目第3节背侧具芒。口器为刺吸式口器或舐吸式口器。中胸发达，中胸背板几占背面全部，前、后胸退化，中胸具翅1对，膜质，某些类群具毛（如毛蠓科）或鳞片（如蚊

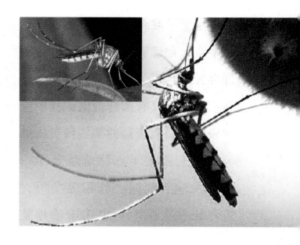

科），后翅退化成平衡棒（很少缺如），极少数种为短翅、无翅或翅退化，翅脉近基本型，常有消失或合并现象。卵呈长卵形、纺锤形或圆筒形，表面平滑或具刻纹、脊、柄或两侧翼状。习性复杂，适应力极强，陆生或水生，一般系昼间活动，少数种类黄昏或夜间活动。成虫吸食花蜜、树液以及其他腐殖质，如食蚜蝇、蜂虻、花蝇、寄蝇等；某些类群则系捕食性，捕食昆虫或其他小动物；也有一些类群的幼虫和成虫均系捕食性，如鹬虻科、食虫虻科、长足虻科成虫捕食等。

膜翅目

膜翅目包括蜂、蚁类昆虫。属有翅亚纲、全变态类。全世界已知约120000种，中国已知2300余种，是昆虫纲中第3个大目、最高等的类群。广泛分布于世界各地，以热带相亚热带地区种类最多。植食性或寄生性，包括各种蚁和蜂。也有肉食性的，如胡蜂等。部分种类营合群生

活，是昆虫中最进化的类群。根据腹部基部是否缢缩变细，分为广腰亚目和细腰亚目。广腰亚目是低等植食性类群，包括叶蜂、树蜂、茎蜂等类群；细腰亚目包括了膜翅目的大部分种类，包括蚁、黄蜂和各种寄生蜂，如蜜蜂、熊蜂、胡蜂和蚂蚁等都是熟知的种类，也有危害农作物的小麦叶蜂、梨实蜂等。

半翅目

半翅目属昆虫纲、有翅亚纲、渐变态类。世界性分布，全世界已知约35000种，在中国有2000种左右。分布遍及全球各大动物地理区，以热带、亚热带种类最为丰富。少数为肉食性。大多数为植食性，体形多为中形及中小形，在热带地区的个别种类为大形。多为六角形或椭圆形，背面平坦，上下扁平。体壁较坚硬。口器刺吸式，有两对翅，前翅为半鞘翅，后翅膜质。复眼发达，突出于头部两侧；单眼2个，位于复眼稍后方。少数种类无单眼。前胸背板

发达，通常呈六角形；有的呈长颈状，两侧突出成角状。中胸小盾片发达，通常呈三角形，或有半圆形与舌形者，有的种类特别发达，可将整个腹部盖住。胸足类型因栖境和食性不同而常有变化，除基本类型为步行足外，还有捕捉足、游泳足和开掘足等。跗节3节，偶有2节或1节者，具2爪。多数种类有臭腺，开口于后胸侧板近后足基节处。中、后胸各具气门1对。腹部通常10节。背板与腹板会合处形成突出的腹缘，称侧接缘，无尾须。

⊕ 直翅目

直翅目是一类较常见的昆虫，包括螽蟖、蟋蟀、蝼蛄、蝗虫等，全世界已知有20000种以上，分布很广。成虫前翅稍硬化，称为"覆翅"，后翅膜质。本类昆虫为不完全变

态，幼虫和成虫多以植物为食，对农、林、经济作物都有危害；少数种类为杂食性或肉食性。直翅目是较原始的昆虫类群，起源于原直翅目，在上石炭时期已经分成了触角较长的螽蟖类，和触角较短的蝗虫类。其中很多种类由于鸣叫或争斗的习性，成为传统的观赏昆虫，比如斗蟋和螽蟖。

⊕ 同翅目

同翅目为小型至大型的昆虫，属不完全变态。口器刺吸式，其基部着生于头部的腹面后方，好像出

自前足基节之间。具翅种类前后翅均为膜质，静止时呈屋脊状覆于体背上，很多种类的雌虫无翅。同翅目分为5个亚目。

缨翅目

缨翅目昆虫通称蓟马，身体微小。复眼发达，有或无单眼。触角较长，6～10节。口器为左右不对称的锉吸式口器。翅膜质，翅脉退化，翅缘具有密而长的缨状缘毛。变态类型是介于完全变态与不完全变态之间的过渐变态。本目常见的为蓟马科,它们翅细长，末端尖锐，前翅仅具两条纵脉。有些种类无翅。雌虫腹部末端圆锥形，生有锯状的产卵器，从侧面看，其尖端向下弯曲。成虫喜欢访花，很多种类是农林业的重要害虫，例如葱蓟马。

其他昆虫

六足总纲包括原尾纲、弹尾纲、双尾纲和昆虫纲。昆虫纲除了上述的7个目以外还有其他24个目，共计31个目。昆虫纲种类繁多，形态各异，但是拥有外骨骼、3对足是它们的共同特征。其中有许多种类是我们熟悉的："朝生暮死"的蜉蝣目——蜉蝣；歌声嘹亮的同翅目——蝉；捕食凶猛的螳螂目——螳螂；无所不在的蜚蠊目——蟑螂；令人讨厌的虱目——体虱，蚤目——人蚤等等。不管你喜欢与否，它们都在我们的生活中占有一席之地。

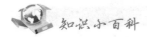

知识小百科

昆虫的发音方式

（1）飞行、取食、求偶活动

人类能够听到的振频为20～20000赫兹。蝶类为7～13赫兹；苍蝇为147～220赫兹；蚊类飞行时拍打翅膀的振频约594赫兹；因此我们只能听到苍蝇和蚊类拍打翅膀的声音。

（2）身体撞击其他物体

如窃蠹头部敲击隧道壁发出的声音，某些种类的雄性拟步甲求偶时利用腹片摩擦雌性胸部的瘤发出尖锐声音。

（3）昆虫本身的特殊发音器官

①摩擦发音。发音器的两部分互相摩擦而发音。如蟋蟀、螽斯、蝗虫、蝼蛄、蝽、天牛、金龟子等。

②膜振动发音。同翅目、半翅目、鳞翅目的部分种类具有此种发音方式。

昆虫的地理分布

◆ 世界陆地昆虫地理区划

在古地质年代大陆漂移分离后，陆地的板块被海洋所隔离，使生物向各自的方向演化，从而产生了能代表这些大陆特点的当地的动植物区系。华莱士在《动物地理分布》一书中提出了六个基本不同分布区或类群，成为至今仍被广泛接受和公认的世界六大生物地理区。

（1）古北区。本区包括欧洲、撒哈拉沙漠以北的非洲、小亚细亚、中东、阿富汗、前苏联、蒙古、中国北部、朝鲜、日本。该区大部分是由欧亚大陆的温带陆地组成，从欧洲西部一直延伸到亚洲东部，以大不列颠群岛和日本作为其左右两侧。本区东西部昆虫种类组成大致相同，有23种蝶类为该区所共有。舞毒蛾在整个欧洲一直不间断地向东伸

展到前苏联东部、中国东北部和日本；黄凤蝶发生在大不列颠群岛和整个欧洲，向东到中国、日本，但又不是连续的，每一个孤立群体都

构成了一个不同的亚种。

（2）新北区。本区包括北美大陆，北自阿拉斯加，南达墨西哥，还包括北美大陆东北方的一些岛屿，如格陵兰岛，但不包括夏威夷。该区气候同古北区相似，昆虫组成上也有若干相似之处。Magiciada属的周期蝉是该区昆虫中最突出的一个类群，共有6种Gryllus属的蟋蟀与古北区的普通大田蟋有亲密的血缘关系；蛾蝶和古北区也有比较密切的亲缘关系，同属的较多，但同种的较少。

（3）东洋区。本区是唯一的几乎全部位于热带、亚热带境内的

动物地理区系，包括中国中南部、热带亚洲、斯里兰卡、菲律宾以及某些毗连的小岛，东达帝汶的西里伯斯和小巽他岛，南与澳洲区隔海相邻。喜马拉雅山以及东部和西部延伸部分，形成了古北区和东洋区之间的一条从东到西的屏障。大柏蛾是本区一个特有种，体形大，翅径近尺；大蜜蜂也是该地区的典型种，分布在该地区东部的大部分地带。虽然苏门答腊、婆罗洲、瓜哇等南洋诸岛与大陆间海洋隔开，但它们的昆虫却属于同一区系。这是因为它们的周围，包括菲律宾，并延伸到马来半岛的任何一侧海域，海水均十分浅，在这条浅水域以外，深度迅速增大，故马来半岛与周围群岛实际位于同一大陆架上，只是由于后来

侵蚀，才使之缓慢沉降，逐渐被海水淹没。

（4）非洲区。本区包括撒哈拉沙漠以南的非洲南部地区，其另外三面被海洋隔开，撒哈拉沙漠形成一条从非洲到古北区的过渡地带。该区与东洋区的亲缘关系密切，其中许多属，甚至某些种，在两个区是共有的。采采蝇可以作为该地区的一个象征种。非洲区存在有数量和种类均十分丰富的白蚁，它们在非洲的自然生态和人类经济中起着重要的作用。同时，在非洲的纳米比亚沙漠里，发现某些稀奇古怪的甲虫，其中伪步甲就达200种以上，这些种绝大多数在世界上其他地方都没有发现。

（5）新热带区。该区北起墨西哥的北回归线以南，包括中美、南美和西印度群岛，南至玻利维亚、巴拉圭和巴西南部，包含丰富多样而有高度特化的新热带昆虫种类。该地区的蝶类与世界任何一个地区均不同，有些科如大翅蝶、透翅蝶、长翅蝶，几乎整个科的种类均局限在这一区内，许多种类具有奇异色彩和花纹，组成本地区昆虫区系的特殊面貌。新热带雨林中的蚂蚁种类也十分丰富，其中的切叶蚁几乎只局限于这个地区。

（6）澳洲区。本区主要由澳洲大陆、塔斯马尼亚及巴布亚新几内亚所组成。此外，该区目前还存在有许多古老类型的动物。如蝙蝠蛾是今天存在着的最原始的蛾类之一，全世界已知约200种，其中该区就有100种。同时，澳洲区还有一些比较特殊的昆虫类群，即岛栖昆虫。

⊕ 中国昆虫地理区系

中国昆虫地理区系，分别属于世界六大动物地理区系中的古北区（界）和东洋区（界），两大区分界的东部在我国境内。章士美认为，在秦岭以东大致以淮河为分界线，即位于北纬32°附近，此线以北为古北区，以南为东洋区。古北区在我国部分可再分为东北、华北、蒙新、青藏四区；东洋区分为西南、华中、华南三区。

（1）东北区。东北区包括大小兴安岭、张广才岭、老爷岭、长白山以及辽河平原等，南面约自北纬41°起，该区为我国最大的林区，也是最大的农业区之一，盛产

小麦、大豆、高粱、玉米等，气候寒温而湿润。山地昆虫多为耐高寒而以森林栖居的种类，如落叶松毛虫、落叶松鞘蛾、树粉蝶等。平原害虫主要属中国喜马拉雅种类，东部与日本北海道情况相似，北部有许多西伯利亚成分，西南部有部分中亚细亚成分侵入，主要种类如大豆食心虫、苜蓿夜蛾、草地螟、东北大黑金龟等。该区南部亦分布有少数东洋区的广布种，如稻纵卷叶螟、白背飞虱、亮绿金龟等。

（2）华北区。华北区北界东起燕山山地、张北台地、吕梁山、六盘山北部，向西至祁连山脉东

部，南抵秦岭、淮河，东临黄河、渤海，包括黄土高原、冀热山地及黄淮平原，属暖温带，冬暖夏热。该区属我国历史最悠久的农业区，也是棉、麦、旱粮的主要产区，农业害虫分布普遍，为害严重。代表种有华北蝼蛄、东亚飞蝗、苜蓿盲蝽、沟叩头虫、黑绒金龟、苹小食心虫、小麦红吸浆虫等。如苏北、皖北等地，可占1/3左右。

（3）蒙新区。蒙新区包括内蒙古高原、河西走廊、塔里木、准葛尔盆地和天山山地，在大兴安岭以西，大青山以北，由呼伦贝尔草原直到新疆西陲，东、北、西三面与前苏联及蒙古毗邻，南界则为青

藏高原及华北区。气候为半干燥，东、西部差异比较显著。牧草地上蝗虫种类较多，是本区的特色。该区东部的内蒙古、河西一带与华北区北缘的农业害虫种类较接近，西部的新疆则以中亚种占明显优势，许多华北、华中、华南、西南各地常见的重要害虫，在本区均未采到，而苹果蠹蛾、谷黏虫、付黏虫、普通蝼蛄、苜蓿籽蜂、麦穗金龟等，国内只见该地区。

（4）青藏区。青藏区由帕米尔高原向东延伸，到其北缘的祁连山，南界为喜马拉雅山，东与东南则以四川西部及云贵高原西北部高山及康滇峡谷森林草地相隔，包括

藏海拔2500米的错那山地有一种名为黑纹负蝗的蝗虫，它与分布于西非和中非，如乌干达等地的蝗虫种类相接近。负蝗虽有翅，但飞行能

柴达木盆地、青藏高原、昆仑山地及藏南地区。本区昆虫大多属中国喜马拉雅区系的东方种，也有较多中亚细亚成分及地区特有种。蝗虫种类在该区非常丰富，金龟中亦有不少接近东方区系的特有种。如西藏花金龟、西藏斑金龟、草原毛虫及近似种常在部分牧区为害成灾。需要特别说明的是，中国昆虫研究者经过多年考察，证实横空崛起的"地球第三极"青藏高原，一些昆虫类群与非洲昆虫相类似，或有同属的接近种，进一步说明青藏高原与非洲大陆有着密切关系，原属同一古陆。昆虫专家考察发现，在西

力有限，绝不可能做长距离飞行。因此它们的共同祖先来自冈瓦纳古陆，随着印度板块向北漂移，黑纹负蝗的祖先类群北上西藏。

（5）西南区。西南区包括四川西部、昌都东部、北起青海、甘肃南缘，南抵云南中北部，向西达藏东喜马拉雅南坡针叶林带以下山

地。昆虫组成非常复杂，又最丰
富，半数以上为东洋区系的印度
马来亚种，亦有一定数量为古北
区系的中国喜马拉雅种，还有少
数中亚区系成员及地区特有种。长
江以南主要农林害虫如三化螟、稻
苞虫、稻黑尾叶蝉、褐稻虱、红铃
虫、鼎点金刚钻等，在本区均可找
到，大菜白蝶、小翅雏蝗等亦为本
区所共有。

　　（6）华南区。华南区包括广
东、广西、海南和云南南部、福建
东南沿海、台湾及南海各岛，属
南亚热带及热带，植被为热带雨林
和季雨林。该区昆虫以印度马来亚
种占明显优势，其次为古北区。印

度黄脊蝗、台湾稻螟、荔蝽、花蝽
等为本区代表种；白蚁中的堆沙白
蚁，国内也只有在本区才能采到该
昆虫。

　　（7）华中区。华中区包括四
川盆地及长江流域各省，西部北起
秦岭，东部为长江中、下游，包括
东南沿海丘陵的半部，南面与华南
区相邻。气候属于亚热带暖湿型，
是我国主要稻、茶产区。该区农业
害虫种类繁多，多数与华南区和
西南区相同，但又各有特点，中国
喜马拉雅种和印度马来亚种在数量
上各有一定比例，而以后者较占优
势，极少有西伯利亚成分，绝无中

亚细亚成分。三化螟、二化螟、稻纵卷叶螟、褐稻虱、黑尾叶蝉、棉红铃虫、金刚钻、棉铃虫等，均为本区稻、棉大害虫。

◈ 影响昆虫地理分布的环境条件

1. 影响昆虫分布的内在因素

昆虫的飞翔、爬行、游泳等能力，都是种的遗传特性，在随风、水流及交通工具等向各地扩散时，昆虫本身的扩散能力起重要作用。大气温度、湿度、光和气压，以及卵巢未发育前的食料缺乏、种群过密等，均可诱发昆虫的迁移。在亚热带和温带区，春季和秋季温度的差异，常常导致不少昆虫定向迁移。

昆虫的内在迁移、扩散力比其他节肢动物强，但受外界环境因素的影响，尤其是风、水流等对昆虫的分布起重要的作用。

2. 影响昆虫分布的环境因素

（1）冰川作用与大陆漂移。在历史年代中，几次冰河及冰河期的演替，陆地的沉没和起升，大陆的漂移等均对全球动物界在种类、数量和分布上产生了巨大的振荡，直接割裂了动物在当时的分布，也使昆虫的分布产生了很大的改变。

（2）地形条件。海洋、沙漠、山脉、大面积不同植被等自然障碍，阻隔了昆虫的传播和蔓延。

因此，地理上明显隔离的地方常形成不同的区系，即使是气候条件极其相似，自然条件限制了相互传播，在长期的进化历史过程中，也会形成不同的种类。

（3）气候条件。温湿度等气候条件等是影响昆虫分布的重要因素。如果温湿度不能满足昆虫生长发育的要求，超出了昆虫可能适应的范围，则昆虫在这个地区不能生存。如年有效积温不能满足昆虫发育一个世代（二年或多年发生一个世代的昆虫除外），或者昆虫不能抵受当地的严寒或低温极限，则昆虫不可能

分布，或仅能作为临时的栖居地。气候对昆虫分布的影响取决于种对气候特征的适应能力。如热带昆虫向亚热带、温带扩散时，常受低温或旱季所限制，而寒带、温带林区生活的种类向南部草原区迁移时，受到高温的限制。

（4）生物因素。生物因素是由于植物或其他动物因素所致的对

昆虫扩散的限制。如某些狭食性昆虫虽能适应广泛的气候，但因缺乏食物，仅能栖息局部地区。不同地区，因气候条件的差异，使植物产生了明显的地域性特征，从而也间接影响到昆虫的生长发育或地理分布。同时，种间的生存竞争也是昆虫种分布的限制因素，尤其是在一个新种侵入一个新地区的初期，常与当地种产生了竞争，包括食物、空间和寄生、捕食关系等，结果使新侵入种被消灭淘汰或获胜而繁殖起稳定的种群。

（5）土壤条件。土壤的形成与成土母岩有关，与气候条件、地形条件、植被的生长情况和历史更替都有密切的关系。土壤条件还会对植物的组成发生影响。因而，土壤条件不仅对土中生活的昆虫，而且对其他类群的分布及种群密度都会发生作用。土壤的酸碱度对昆虫的影响是比较明显的，其显著差异与一些种类的分布有关。

（6）人类活动。随着人类社会活动的日益频繁，昆虫的人为传播可能性更大。人类活动可以帮助昆虫传播和限制有害种类的蔓延，也可造成对昆虫有利或不利的环境条件。同时，也可采用各种措施将其直接消灭。

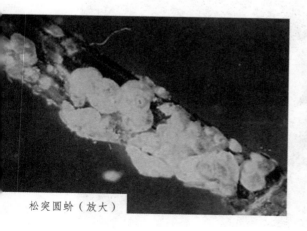

松突圆蚧（放大）

有趣的昆虫世界

⊕ 奇奇怪怪的甲虫

（1）威武雄壮的独角仙

独角仙，又称双叉犀金龟，体大而威武。不包括头上的犄角，其体长就达35~60毫米，体宽18~38毫米，呈长椭圆形，脊面十分隆拱。体栗褐到深棕褐色，头部较小。触角有10节，其中鳃片部由3节组

成。独角仙雌雄异型。雄虫头顶生1末端双分叉的角突，前胸背板中央生1末端分叉的角突，背面比较滑亮。雌虫体型略小，头胸上均无角突，但头面中央隆起，横列小突3个，前胸背板前部中央有一丁字形凹沟，背面较为粗暗。三对长足强大有力，末端均有利爪一对，是利于攀爬的有力工具。

独角仙一年繁殖一代，成虫通

常在每年6~8月出现，多为夜出昼伏，有一定趋光性，主要以树木伤口处的汁液或熟透的水果为食，对作物林木基本不造成危害。独角仙幼虫以朽木、腐烂植物质为食，所以多栖居于树木的朽心、锯末木屑堆、肥料堆和垃圾堆，乃至草房的屋顶间。幼虫期共脱皮2次，历3龄，成熟幼虫体躯甚大，乳白色，约有鸡蛋大小，通常弯曲呈"C"形。老熟幼虫在土中化蛹。独角仙广布于我国的吉林、辽宁、河北、山东、河南、江苏、安徽、浙江、湖北、江西、湖南、福建、台湾、广东、海南、广西、四川、贵州、云南地区；国外有朝鲜、日本的分布记载。在林业发达、树木茂盛的地区尤为常见。

除可作观赏外，独角仙还可入药疗疾。入药者为其雄虫，夏季捕捉，用开水烫死后晾干或烘干备用。中药名独角蜣虫，有镇惊、破瘀止痛、攻毒及通便等功能。

1976年，有人从独角仙体内提取到独角仙素，具有一定的抗癌作用，对实体瘤W-256疡瘤有很高活性，对P-388淋巴白血病有边缘活性。独角仙资源丰富，值得人们做深入的探索和开发。

（2）逢人便拜的叩头虫

叩甲虫多为中小型种类，头小，体狭长，末端尖削，略扁。体色呈灰、褐、棕等暗色，体表被细毛或鳞片状毛，组成不同的花斑或条纹。有些大型种类则体色艳丽，具有光泽。完全变态。生活史较

长，2～5年完成一代。幼虫身体细长，颜色金黄，故称金针虫、铁线虫。它生活在地下土壤内，可为害播下的种子、植物根和块茎，是重要的地下害虫。世界记载的叩甲已超过1万种，我国已知约600种。

叩甲科的昆虫一旦被人捉住，就会在你手上不停地叩头，所以被称其为"叩头虫"。孩子们常在野外捉来叩头虫（成虫）玩耍，用拇指和食指轻轻捏着它的后腹部和鞘翅端部，将它的头部朝向自己，于是叩头虫便将前胸下弯，然后又抬起挺直，同时发出"咔咔"的声音，如此反复进行，好似在不停地磕头。其实它可不是真的向你磕头求饶，而是在挣扎逃脱，这是它的

一种自救方式，你稍不留心，它就会弹跳逃走。这种昆虫还会以叩"响头"的方式进行信息传递，吸引异性。叩头虫为什么能叩头呢？因为它的前胸背板与鞘翅基部有一条横缝（下凹），前胸腹板有一个向后伸的楔形突，正好插入中间胸腹板的凹沟内，这样就组成了弹跃的构造。如果你将它背朝下放在平面上，使虫体仰卧，它先挺胸弯背，头和前胸向后仰，后胸和腹部向下弯曲，这样就使身体中间离开平面而成弓形，然后再靠肌肉的强力收缩，使前胸向中胸收拢，胸部背面撞击平面，身体借助平面的反冲力而弹起，从而翻过身来。它的弹起高度可达30多厘米。叩头虫的这种熟练而优美的翻身动作，真像体操的"前滚翻"和"仰卧跃起"的表演。在饲养盒内放一点水果，它们就能生活较长一段时间。如果

抓到多头雄虫的话，不妨将其放到一起，还能观赏它们比武相斗的精彩场面，重拾几分稚气。

（3）窈窕淑女吉丁甲

吉丁虫科的种类很多，全世界约有13000种，我国已知450多种。各种体型差异较大，小的不足1厘米，大的超过8厘米，大多数色彩绚丽异常，似娇艳迷人的淑女。触角锯齿状，11节。前胸腹板发达，端部伸达中足基节间。体形与叩头

虫相似，但前胸与鞘翅相接处不凹下，前胸与中胸密接而无跃起构造。

吉丁虫成虫喜欢阳光，白天活动，在树干的向阳部分容易发现，

它们的飞翔能力极强，既飞得高，且飞得远，所以不易捕捉，但当它们栖息在树干上时，却很少爬动，是捕捉的好时机。

"窈窕淑女，君子好求"，古人的诗句道出了人们对美好事物的追求与向往。淑女似的吉丁虫自然会受到人们的青睐。人们总认为蝴蝶是最美丽的昆虫，但是当你认识了吉丁虫之后，可能会觉得吉丁虫也独树一帜，别有韵味。

据说日本人尤其喜爱吉丁虫，认为它们艳丽的鞘翅，能驱赶居室害虫，因而常把鞘翅镶嵌在家具上，既有驱虫之效，又具装饰之美。吉丁虫的鞘翅确实漂亮至极，在灯光或阳光下，能闪烁出灿烂的

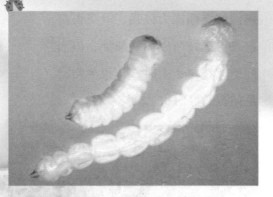

金属光泽，如同晶莹的珠宝。

令人遗憾的是它们的幼虫长得奇丑无比，真可谓"虫大十八变"，这就是昆虫变态的奇妙之处！尤其不能令人容忍的是幼虫专门蛀食树心，使之枯萎死亡，是果树、林木的重要害虫。尽管如此，幼虫却是一味中药材，能治疗疾病，将功补过。

（4）有趣的水中甲虫——水龟虫

水龟虫外形长得像龙虱，和龙虱生活在同一水域生态环境，体呈流线型、背腹面拱起，但体背比龙虱更凸出一些，体色比龙虱更深一些（近乎黑色），腹面较平，多数种类胸部腹面有一个粗而直的针刺，贴在胸部腹面向后伸着（龙虱无针刺），下颚须长，与触角等长或更长。从这几点就可以区分它们了。这种硬壳虫善于在水中物体上爬行，当它游向水面时，经常在水面上打转转。

水龟虫属于鞘翅目，水龟虫科，又称为牙甲科，世界已知约2000种。水龟虫触角6~9节，端部3~4节略膨大，在触角的一侧有一条浅槽，由拒水性毛将其覆盖，从而形成一条管道，呼吸时游向水面，将头露出，空气从触角一例的管道进入，贮藏在腹面密集而不会被水沾湿的短毛上。此时在毛上可以形成一个很大的空气层，腹面因密集水泡而变成银白色。水龟虫在水下靠鞘翅和腹板的运动将气泡中的空气吸入鞘翅下面的贮气腔和气管内。它在水中的换气也是靠触角进行的。水龟虫成虫一般为植食性，幼虫为腐食性或肉食性，捕食蝌蚪和小鱼等动物，有些种类有危害水稻的记载。

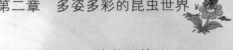

北部、热带非洲、南美洲等地。

（2）美凤蝶

美凤蝶又名多型凤蝶，是一种雌雄异型的蝴蝶。"memnon"为希腊神话中的埃塞俄比亚国王，足以显示出这种蝴蝶的雍容华贵。美凤蝶的雄蝶的色彩斑纹大同小异，但其雌蝶则变化多端，差异极大，如有的具有尾突，有的没有尾突，更有多种不同的色彩斑纹和形态，故又称"多型蓝凤蝶""多型美凤蝶"。

美凤蝶雌雄异型及雌性多型。雄蝶体、翅黑色。前、后翅基部色深，有天鹅绒状光泽，翅脉纹两侧蓝黑色。翅反面前翅中室基部红色，脉纹两侧灰白色；后翅基部有4枚不同形状的红斑，在亚外缘区有2列由蓝色鳞片组成的环形斑列，但轮廓不清楚；臀角有环形或半环红斑纹，内侧即cu2、cu1室有弯月型红斑纹，无尾突。雌性无尾突型前翅基部黑色，中室基部红色，脉纹及前缘黑褐色或黑色，脉

大自然的舞姬—蝴蝶

（1）金斑蛱蝶

金斑蛱蝶是雌雄异型的典型代表。雌蝶以幕拟金斑蝶而闻名。雄蝶翅黑褐色，前翅中室外有1个长椭圆形白斑，顶角附近有1个小形白斑；后翅中域有1个大形白斑；前后翅的白都斑有紫色光泽。雌蝶翅橙黄色，顶角有1个较小的白斑，中室外侧有1列宽的白色斜带；后翅外缘黑褐色，前缘有1个黑斑。两翅外缘均有两列成对的小白点。

金斑蛱蝶分布于我国陕西、浙江、福建、云南、广东、台湾及日本、印度、缅甸、锡金、澳大利亚

金斑蛱蝶（雌）　　　　金斑蛱蝶（雄）

正面相似。

（3）孔雀眼蛱蝶

某些蝴蝶虽为同种，但在不同的季节可以出现不同的色彩和外形，例如孔雀眼蛱蝶。孔雀眼蛱蝶的夏型没有明显的尖角，翅里眼纹清晰；但其秋型的前翅外缘尖角明显外突，后翅臀角长柄状，翅里眼纹消失，翅色枯黄，中贯深色宽条，酷似叶脉，与夏型的色彩斑纹完全不同，故曾被误定为另一种物种。在热带，蝴蝶的干型和湿型可能很明显，也很有规律。

孔雀眼蛱蝶分布在我国南部、日本、缅甸、泰国、北部湾、菲律宾、印度、斯里兰卡等地。

（4）金斑喙凤蝶

金斑喙凤蝶隶属凤蝶科。体长30毫米左右，两翅展开有110毫米以上，是一种大型凤蝶。它的翅上鳞粉闪烁着幽幽绿光。前翅上各有一条弧形金绿色的斑带；后翅中央有几块金黄色的斑块，后缘有月牙形的金黄斑，后翅的尾状突出细

纹两侧灰褐色或灰黄色。后翅基半部黑色，端半部白色，以脉纹分割成长三角形斑，亚外缘区黑色，外缘波状，在臀角及其附近有长圆形黑斑。翅反面前翅与正面相似；后翅基部有4枚不同形状的红斑，其余与正面相似。雌性有尾突型前翅与无尾突型相似，后翅除中室端部有一枚白斑外，在翅中区各翅室都有一枚白斑，有时在前缘附近白斑消失；外缘波状，在波谷具红色或黄白色斑；臀角有长圆黑斑，周围是红色。翅反面前翅与正面相似。后翅除基部有四枚红斑外，其余与

长，末端一小截颜色金黄。它常飞翔在林间的高空，也时而停在花丛间，其姿态优美，犹如华丽高贵、光彩照人的"贵妇人"，因此人们称它为"蝶中皇后"。

（5）中华虎凤蝶

在我国长江南岸的早春3月，就能看到一种体型中等、色彩艳丽、翅面斑纹黄底黑条而有似虎斑的凤蝶在翩翩起物，这就是久负盛名的国产珍蝶——中华虎凤蝶。由于它出现在惊蛰前后，所以也有人叫它为惊蛰蝶。中华虎凤蝶是二级保护动物，也是中国独有的一种野生蝶，由于其独特性、像大熊猫一样珍贵，被昆虫专家誉为"国宝"。

中华虎凤蝶雄蝶体长15～17毫米，平均16.2毫米，翅展58～64毫米，平均60.8毫米；雌蝶体长17～20毫米，平均18.6毫米，翅展59～65毫米，平均62.2毫米。翅黄色，间有黑色横条纹（黑带），酷似虎斑，亦称横纹蝶。除翅外，整体黑色，密被黑色鳞片和细长的鳞毛。在各腹节的后缘侧面，有一道细长的白色纹。

中华虎凤蝶的前翅基部及后翅内缘密生淡黄色鳞毛。前翅正面的基部，外缘及斜行于其间的三条横带呈黑色，另有两条短的黑带相间其间，终止于中室的后缘。前翅外缘呈曲线状，有一列外缘黄色斑，近翅尖的第一个黄色斑与后方7个黄色斑排列整齐，无错位。后翅外缘呈波浪形，黑色，中间有4个小的青蓝色斑点，具金属光泽，在臀角处也有一个同样颜色的臀眼斑。在青蓝色斑外侧还有4个黄色半月斑。亚外缘有5个发达的红色斑连成带状，自内缘开始，终止于M1

脉。亚外缘的黑色斑细小。中室的黑带分离成二段。尾突较短，长度约为后翅的15%。臀角有一个缺刻。后翅缘毛除尾突处外均为黄色。

中华虎凤蝶喜欢生活在光线较强而湿度不太大的林缘地带，飞翔能力不强，也没有其他凤蝶所有的那种沿着山坡飞越山顶的习性，因此只在特定的狭小地域内活动。它属于狭食性动物，经常寻访的蜜源植物主要有蒲公英、紫花地丁及其他堇科植物，也飞入田间吸食油菜花或蚕豆花蜜。日落前后就栖息于低洼沼泽地段的枯草丛中，体表的色彩和条纹形成的警戒色可以使其在错杂的枯草背景上难以被天敌所发现。

中华虎凤蝶属于完全变态的昆虫，年生一代，一生要经历卵、幼虫、蛹、成虫等四个阶段。成虫出现较早，每年3月上旬便从地点十分隐蔽的越冬蛹中羽化出来。这时蛹壳裂成两大一小的三片，紧裹着翅的成虫爬出蛹壳，胸部伸出6个足，触角慢慢地伸展开来，整个过程大约需要50多个小时。雄性的体型较小，羽化后即开始寻找雌性，进行交配。

有趣的是交配后的雌性的尾端便生出一片直径约有5毫米的棕色薄圆片，叫做交配衍生物，以防其再次交配，这种阻止再次交配的机理至今尚不清楚。雄性和雌性的比例大约为1∶4，由于雄性较少，雌性又有交配衍生物出现，所以雄性可以进行多次交配。雄性的寿命为17～20天，3～4月初便全部消失。雌性的寿命为22～25天，要到4月上、中旬产完卵后才死去。

（6）双尾褐凤蝶

双尾褐凤蝶又叫云南斑纹凤

蝶。它的前翅有8条黑色并伸至后翅翅表的横带，外缘带宽阔；后翅较长，外缘呈扇形，臂角处有一个深的缺刻，具3个尾状突起，外面的一个最长，里面的一个次长，中间的一个很短而不易见到，因而叫它双尾褐凤蝶。幼虫以马兜铃科的木香马兜铃作为寄主植物。

这种凤蝶，自20世纪30年代在云南西部发现后，直到1981年1月日本北海道登山队员才在我国贡嘎山再次发现，是世界珍奇蝶种中最珍奇的蝴蝶之一。该种多栖息于海拔2000米左右，气候温和，冬季干旱晴朗，夏季较为潮湿的高山林中。一年一代，成虫于每年4月间出现，幼虫寄主植物为绒毛马兜铃，幼虫有群集性，有取食脱皮的现象。

◈ 数目繁多的蛾类

蛾类与蝶类同属鳞翅目，但蛾类成员的数量远比蝶类多，约是蝶类的9倍。蛾类通常体色黯淡，但也有不少鲜艳美丽的个体。它们的触角呈羽毛状。静止时，蛾常将翅膀水平展开。蛾类的卵多为绿色、白色和黄色，形状有椭圆形、扁形、瓶形、球形、圆锥形和鼓形等。蛾都是在晚间出来飞行的，因为它们有良好的嗅觉和听觉，所以能适应夜游生活。

（1）大蚕蛾

大蚕蛾体形笨重，有宽阔的翅，翅上常有明显的斑纹。雄性蛾的触角呈羽状，而雌性蛾则呈线状。大蚕蛾在翅面积方面属最大的蛾，其卵产于范围广泛的树林和灌木上。它们的口器完全失去取食功能，因此成虫不取食。这种蚕蛾在全世界分布广泛，特别在热带和亚热带的林区比较常见。

（2）天蚕蛾

美洲月形天蚕蛾身体肥大，多毛，后翅边缘呈灰白色，并有弯弯的长"尾巴"。美洲月形天蚕蛾的身体呈现一种很可怕的绿色，每个翅膀上还有一个明亮的眼点，这对于它们逃避敌害十分有利。这种飞蛾常在山胡桃和核桃等多种树上产卵，通常一年繁殖两代。

大柏天蚕蛾的翅膀很大，足可以盖住一只盘子，这在昆虫中是少见的。它们是世界上个头最大的蛾类之一，翅膀上生有褐斑，并且还有许多几乎透明的三角形的小"窗

户"。大柏天蚕蛾多生活在热带雨林中，能在多种树上产卵。

（3）豹灯蛾

豹灯蛾颜色鲜艳，身体大而多毛，前翅上生有白色和棕色花纹，后翅呈橙色，上有斑点。豹灯蛾由于所吃的植物身上有一股难闻的味道，因而能避免鸟类捕食。

（4）夹竹桃天蛾

夹竹桃天蛾是身体花纹最漂亮的蛾之一，体表绿色的斑纹使它们看上去像穿了一套迷彩装。其名字则因其幼虫主要吃有毒的夹竹桃植物而来。夹竹桃天蛾毛虫身上有醒

目的眼状斑点，看起来很像两只大眼睛，其实只是它们吓唬猎食者的一种退敌方法。

（5）六斑地榆蛾

六斑地榆蛾身上生有红色和黑色花纹，可用来警告捕食者它们有毒，并以此获得生存的机会。六斑地榆蛾喜欢白天四处飞动。它们同其有亲缘关系的飞蛾一样，飞行速度很慢，而且飞得很低。六斑地榆蛾在有草的地方产卵。它们的毛虫以草地上的植物为食。毛虫会在薄

薄的茧中变成成蛾，成蛾一出茧就同异性交配。

（6）骷髅天蛾

骷髅天蛾是天蛾中个头较大的一种。骷髅天蛾因其后背上有类似骷髅的斑纹而得名。当人们捡起它的成蛾后，它能发出一种吱吱的叫声。因其身上的特殊花纹，许多人认为骷髅天蛾飞进屋内是一种不祥的征兆。它们四处漫游时，每小时大约能飞行40千米，短时间内能飞

得更快。骷髅天蛾在土豆和类似的植物上产卵，它们常常要迁徙漫长的距离到繁殖地繁殖。

蜻 蜓

蜻蜓在有翅昆虫中是最原始的一类。从距今2.8亿年前的化石标本中可以得知，在古生代后期，地球上就曾有一种超大型的蜻蜓，它们的双翅展开可达70厘米左右，像鹰一样。

蜻蜓的头顶有一对亮晶晶的大眼睛。这对复眼给了它们非常敏锐和宽广的视觉。因为眼睛大，而且生在头部最前端，并且它们的每一只复眼都是由1万多只小眼组成的，所以蜻蜓能够在飞行时看清身体周围和下方的一切物体，便于侦察一切动静。眼睛是蜻蜓的重要器官，以看得清楚最为重要。所以蜻蜓经常停下来，用脚清除附着在眼睛表面的尘埃。

成长后的雄蜻蜓，经常在池塘、小河等环境的周围占据地盘。所占领的地盘，不仅在水池、河流的附近，而且也包括森林、原野等领域。为了划清界线，雄蜻蜓经常在已定好的路线上往返飞行，这叫做巡逻飞行。雄蜻蜓的领域性很强，偶尔有其他的雄蜻蜓或别的种类的蜻蜓侵入，它们就会立即追赶驱逐。在擦身而过的刹那间，两只蜻蜓会以翅膀相互撞击。同时，地盘内也是适于交尾的地方。当雌蜻蜓进入地盘后，雄蜻蜓就会追逐并与之交尾。

蜻蜓捕食时，经常是一边飞行，一边寻找猎物。它们的猎物通常是在空中飞舞的蚊、蝇等小昆虫，蜻蜓的视觉相当敏锐，一碰上猎物，就会立即冲上去攻击。它们用6只脚把猎物钩住，并送入口器中啃食。据统计，一只蜻蜓一个小时能捕食840只蚊、蝇。

（1）鬼蜻蜓

鬼蜻蜓体长可达10厘米，当它们从身边飞过时，还能听见有如轰炸机般轰隆隆的声音。鬼蜻蜓不但体形巨大，脚上的刚毛长得就像铁钩子一样，非常吓人。鬼蜻蜓雄虫复眼为绿色，额部上方与唇基处各有一条黄斑，胸方有两条大黄斑。雌虫体形较雄虫更大，腹部黄斑也较明显，翅基还有棕色斑纹

（2）普通蜻蜓

普通蜻蜓有着不可预知的飞行特点。它们的躯体粗壮，体表富有色彩，翅上有不规则的黑斑。雌蜻蜓通常在水面上盘旋，用腹部点击水面产卵，卵落在水生植物上或水底。在水中生活的时候，幼虫在泥浆、动植物的残骸内或植物上捕捉猎物。普通蜻蜓有着一个不完全变态的过程：从卵、幼虫到成虫，没有"蛹"的时期。幼虫刚羽化时，身体都呈棕色，但长大后，雄蜻蜓的腹部会变成鲜亮的蓝色。

（3）红蜻蜓

红蜻蜓腹长约3厘米，后翅长约4厘米。成熟的雄蜻蜓体色为朱红色，翅膀透明；雌虫则为黄色，分布于中低海拔地区。红蜻蜓主要出现在4~12月份，常在水域附近的草丛附近活动，是常见蜻蜓之一。

（4）霜白蜻蜓

霜白蜻蜓腹长约4厘米，后翅长约4厘米，复眼呈墨绿色。雄虫胸部蓝灰色，腹部红色，翅膀无色

透明，翅基处有深褐色斑纹。霜白蜻蜓常出现于4~12月。幼虫个体为黄褐色，栖息于各式各样的静水区域中，通常在水田、池塘、沼泽、水沟、小溪旁等地出现，属于常见的蜻蜓之一。

（5）皇蜻蜓

皇蜻蜓的翅膀展开后将近14厘米，这么大的体形十分惹人注目。皇蜻蜓是欧洲个头最大、飞行速度最快的蜻蜓。它们像猎鹰一样，多数时间在水域或沼泽上空盘旋，寻找食物。样子看上去非常勇猛，因此有人又称之为"猎鹰蜻蜓"。皇蜻蜓的幼虫要在水下生活一段时间。幼虫们极善伪装，这对它们的生存十分重要。因为一旦被个头较大的幼虫发现，它们就可能被这些同伴吃掉。

（6）紫红蜻蜓

紫红蜻蜓腹长约3厘米，后翅和约3厘米，雄虫复眼为鲜红色，体色大致上为紫红色，翅脉紫红色，翅基部有橙红色斑纹，其余部分为透明无色。雌虫体色为黄色，腹部背线黑色。紫红蜻蜓主要分布在海拔2000米以下的地区，成虫出现于4~12月，常在池塘和小溪附近地区活动。

（7）秋椒蜻蜓

秋椒蜻蜓的幼虫在平地的水池中过冬，到了夏初即羽化为成虫，并向高山区出发。进入山区后，秋椒蜻蜓起初在树梢上吃虫子，而后逐渐群集在山顶上，在广阔的天空中飞舞起来。秋天来临时，它们又成群下山。抵达山下的平地后，雌秋椒蜻蜓便开始在水田或池塘中产卵，而后死亡。产在水中的卵孵化后，经过秋、科、春季再逐渐成长。

（1）蚂　蚁

蚂蚁和蜜蜂属于同一类动物。蚂蚁的胸部和腹部之间生有细细的"腰"，并且通常生有螫针。蚂蚁没有翅膀，但有许多物种在繁殖季节会长出翅膀。蚂蚁食性较杂，有的是食肉动物，有的是食草动物，还有一些属于食腐动物，收集任何可以吃的东西为食。蚂蚁多数群居。群体中通常只有一个雌性能够产卵，被称为蚁后，其余成员则履行着其他各种不同的职责。

①食肉军蚁

蚂蚁一般被认为是动物王国中的弱者。但是，蚂蚁家族中的食肉军蚁却比狮子、老虎等猛兽更可怕。食肉军蚁常常由几十万或几百万只组成一支浩浩荡荡的大军。在行进途中，它们几乎是横扫一切，将庄稼、荒草、树皮啃食一光，甚至所遇到的大小动物都无一幸免。这种蚂蚁有巨大的鄂，很像一把锋利的剪刀。能将昏睡不醒的

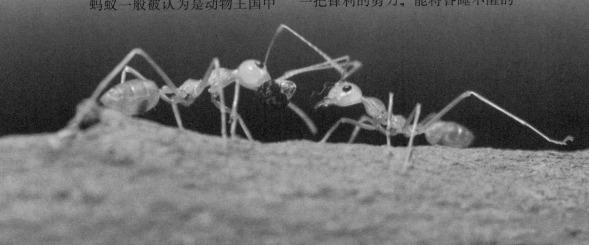

大蟒蛇和拴着的羊在几个小时内啃食干净。所以，人们称这种食肉军蚁为"棕褐色的小魔鬼"。

②大蚁

大蚁生有硕大的颌和有力的螯针，个头很大，非常凶猛。受到威胁时，它们会径直冲向敌人，有时能从地面上跳起30多厘米。大蚁生活在较小的群体中，每个蚁群中通常不到1000个成员。同多数蚂蚁一样，大蚁群中也有收集食物、建造蚁穴的工蚁和保卫蚁穴的兵蚁。它们通常以花蜜和其他昆虫为食。

③南美切叶蚁

南美切叶蚁生活在热带雨林地区。它们会在地下挖洞，建造宽敞的蚁穴。晚上，南美切叶蚁会待在穴中，黎明时蜂拥而出，爬到树顶切取树叶。一般情况下，切叶蚁会沿着地面上早已经踩出来的老路回家，有时也会遵循开路蚂蚁留下的气味返回家园。南美切叶蚁并不吃切下的树叶，而是用这些树叶作为种植真菌的肥料。

④裁缝蚁

裁缝蚁是生活在热带地区的一类蚂蚁。它们的建巢方式十分奇特。它们将植物的叶子并拢后做成一个个的小室，然后用有黏性的蚁丝将两片叶子粘在一起。蚁丝是由裁缝蚁的幼虫制造的。做巢时，每只工蚁叼着一只幼虫，幼虫在两片叶子间的缝隙中来回爬动，在上面留下弯曲的一根根丝线，将树叶缝住。裁缝蚁主要以树上的小昆虫为食。受到惊扰时，裁缝蚁极具攻击性。

林中筑巢。它们的巢多建在成堆的树枝和松针下面。与其他蚁群不同的是，褐蚁的巢穴里常常住着好几个蚁后。褐蚁的体形较大，最大的有1厘米左右。它们没有螫针，但颌十分厉害，能向敌人喷射甲酸。褐蚁主要以小昆虫为食。

⑤贮蜜蚁

生活在干燥地区的昆虫必须寻找一种合适的方法帮助自己度过干旱季节。贮蜜蚁利用种群中工蚁贮存的水分和食物就能够很轻松地应付这一问题和。它们终生生活在地下，倒挂在蚁穴之中。雨季，工蚁的肚子内装满花蜜和一种以树汁为食的昆虫制造的蜜露。干旱季节，它们排出食物，帮助蚁群渡过难关。美洲土著居民曾用贮蜜蚁当做食物。

⑥褐蚁

褐蚁多在欧洲四季常青的森

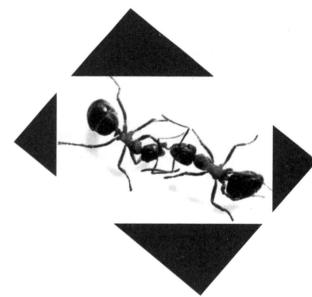

（2）蜜蜂

蜜蜂是所有昆虫中最高级的物种。它们都有窄而透明的翅膀，在胸部和腹部间有细细的"腰"，并通常生有螫针。它们大多数以花蜜

为食，但黄蜂的幼虫以昆虫为食。蜜蜂和黄蜂生活在有组织的社会群体中，有复杂的行为和高效的联系方式。群体中通常只有一只雌性蜂产卵，称"蜂后"，其余成员大部分是工蜂。它们照料幼蜂，建造和修理蜂巢，收集食物，是群蜂中最辛劳的。

蜂群中，负责寻找蜜源的工蜂为了采集百花蜜，能飞到几千米远的地方。当找到蜜源后，它们会迅速飞回蜂巢，通过舞蹈向其他工蜂传达蜜源的信息。蜜蜂不同的舞姿所代表的含义也不一样：蜜蜂跳"8"字舞，说明蜜源背着太阳方向，跳舞时头会向下；跳圆形舞，

说明蜜源离蜂巢不太远。蜂巢里的工蜂得到关于蜜源的消息后，就会朝着蜜源飞去。

蜂巢由六边形的巢室组成，筑于树洞或养蜂人提供的蜂箱里。的巢往往分为几个小室。巢室里有卵、幼虫，还有它们储存的食物——花粉和花蜜。蜂房边缘悬挂着一个特殊的巢室，是供培育未来的蜂后而建的。蜂后巢室里的幼虫被喂以王浆，享受特殊的待遇。而工蜂幼虫只有几天被喂以王浆，之后就被喂以花粉和花蜜。

①胡蜂

胡蜂俗名黄蜂，生性残暴、毒辣，体色为黄、黑相间，非常醒目；大鄂犹如虎牙一般；腹部末端

生有高度危险的螫针。胡锋的食物主要以昆虫、其他小动物及植物果实为主。当它们捕捉猎物时，先以螫针刺入对方体内，使其麻痹，然后再掳回巢中供幼虫取食生长发育所需的营养。胡蜂的螫针非常危险，但它们通常不会攻击人类。

②切叶蜂

切叶蜂由于常从植物的叶子上切取半圆形的小叶片带进蜂巢内而得名。其外形与蜜蜂极相似，但腹部生有一簇金黄色的短毛。切叶蜂常把蜂巢建在空心的树干中，或在建筑物的缝隙中，甚至在反扣的花盆中。在蜂巢内，切叶蜂把叶子卷成一个个小包，在每个里面都放上一些花粉和一粒蜂卵。由于它们经常破坏玫瑰和其他各种植物，所以也成了人们厌恶的一类动物。

③地花蜂

地花蜂不同于蜜蜂，它们大多数为独居动物，从不群居。春天，雌蜂在松软的土壤中挖洞产卵，并在其中储存食物（以提供孵化后的幼虫所必需的营养物质），将洞口封好后飞走。幼虫自我孵化，最后变成成蜂从地下钻出。地花蜂有上百种，多栖息在草坪上和干燥的地下。

④无茸大黄蜂

无茸大黄蜂是欧洲最大的黄蜂之一，主要栖息于炎热、阳光充

足的多光地带。其外形可怕，但大都无害。通常，雄蜂比雌蜂小，头部是黑色的。无茸大黄蜂翅上多带有金属光泽，在腹部生有红色的茸毛，腹部的黄色斑点往往形成两条纹路。成蜂以吸食花蜜为生，其幼虫却是犀金龟的寄生虫。

⑤姬蜂

姬蜂体形较瘦，头部有一对细长的触角，尾后拖着3条宛如彩带般的长丝，再加上2对透明的翅膀，使得这种蜂有如仙女，所以就有了"姬蜂"的美称。姬蜂体色大多数为黄褐色，但尾后的长带只有雌蜂才有。姬蜂在幼虫时期都是在其他昆虫的幼虫或蜘蛛等体内生活，以吸收这些寄主体内的营养，满足自己生长发育的需要。

第三章

三

昆虫文化之瑰宝

在漫长的历史长河里，昆虫是比人类资格更老的一种生物。它早在三亿四千多万年以前就已经出现，到距今七千多万年前进入全盛期。但它作为一种文化现象进入人类生活则是较晚的事。商周时代的青铜器上，已发现蝉纹，有的与实物十分相像，是写实的手法；有的则加以变形，形成蝉形的几何图纹。这些蝉纹的作用是装饰，是艺术化的，并没有实用价值。这一时期的蝉形玉器也很多，作为饰物佩戴，甚至作为帝王的殉葬物，可见它是一种有较高身份的艺术品。后来汉代宫中以玉蝉作为冠饰，成为高官显贵的标志。

从魏晋开始，中国古代绘画艺术逐渐形成虫草一派，专门表现世间万千草虫的优美形象，寄托人们对自然情趣的追寻和对美的探索。至于诗词歌赋中的昆虫题材，不但出现的很早，而且数量极多，在整个中国古代诗歌的海洋中形成了独特的审美趣味和风格，是中国古典文学中最精彩的部分之一。

中国昆虫文化概述

根据中国古代神话传说的记载，早期先民过着茹毛饮血的艰苦生活："昔者……未有火化，食草木之实，鸟兽之肉，饮其血，茹其毛。""伤害腹胃，民多疾病。"尤其是自然灾害或是其他特殊原因造成主要食物（草木果实及鸟卵兽肉）匮乏的时候，那些个体较大的昆虫肯定会成为先民的食物。自然界的昆虫数量极大，又极易捕捉，而当人类发现火以后，烧烤的昆虫散发出其他兽肉所没有的独特香味，更对人类造成了巨大的吸引力，使昆虫自然而然地成为人类一种更为自觉的食物来源。《周礼》记载周代专有昆虫食品蚁子酱，而且有很高的身价，只有上层人物才可以吃到，或祭祀时才可以使用；《礼记》上记载蝉、蜂在当时君主们的筵宴上属于山珍海味一类高级食品。周代的这种饮食习惯是先民饮食传统的遗留，而且这种遗留一直延续到现在。

按照合理的逻辑，昆虫与早期人类的第二个联系表现在农业生产方面，仍然属于物质领域。这里首先值得一提的是古代养蚕。我国古代的蚕桑业十分发达，养蚕历史久远，早已形成一套十分有体系的蚕桑文化。据专家们考证，中国古代的养蚕开始于5000多年以前，而在殷墟甲骨文中已大量出现蚕、丝等象形文字。由于蚕与人们的物质生活密切相关，所以它在古代社会中的地位十分崇高，历代统治阶级都十分重视，这也是古代养蚕发达的重要原因之一。

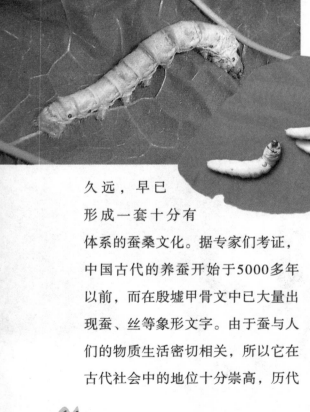

一代又一代蚕农不但辛勤劳动，还进行了卓有成效的研究，使养蚕技术不断进步，有关这方面的大量古代典籍，显示了在很久以前我国古代的养蚕技术就已具备了很强的科学性。例如八代蚕的培养，解决了昆虫学上的"滞育"问题，使蚕可以在一年之内连续繁殖多代，可以说这是对古代养蚕业的极大贡献，是应该大书特书的。

中国古代虫文化的内容是十分丰富的，但随着时代的进步，科学技术的发展，不少虫文化的现象早已经消失了。例如因为古代生产力和认识能力的低下而产生的"虫

崇拜"思想，《诗经》中"螽斯羽洗洗兮，宜尔子孙振振兮"，用螽斯的多子象征子孙繁盛，这分明是原始生殖崇拜的反应，现代社会的人们当然不会再有这种观念了；而"贪酷致蝗"思想，以其他因虫而产生的吉凶善恶观念，也大多不存在了。原因很清楚，产生这些思想观念的基础是愚昧无知或是观察认识上的失误，由于科学技术的发展，为人们提供了观察自然、认识自然的有利条件，产生那些思想观念的基础已经丧失了，所以这些思想观念理所当然地不存在了。但是另外一些东西，如民俗上的虫文化现象，却没有消失，像斗蟋蟀、养鸣虫的习惯，仍在民间很有市场。其原因在于这些活动的本身

有极强的娱乐性，而娱乐是不分阶级和时代的，这就不同于上面所说的意识形态的领域的东西。

⊕ 昆虫的物质文化

昆虫作为一种文化现象进入人们的文化生活最早应该是发生在物质领域，是对昆虫资源的利用。主要体现在以下方面。

1. 昆虫的食用

昆虫不仅含有丰富的有机物质，例如蛋白质、脂肪、碳水化合物，无机物质如各种盐类，钾、钠、磷、铁、钙的含量也很丰富，还有人体所需的游离氨基酸。据有

关资料分析，每100毫升的人血浆含有游离氨基酸24.4～34.4毫克，远远高出人血浆的游离氨基酸含量。昆虫体内的蛋白质含量也极高，烤干的蝉含有72%的蛋白质，黄蜂含有81%的蛋白质，白蚁体内的蛋白质比牛肉还高，100克白蚁能产生500卡热量，100克牛网却只能产生龙活虎30卡热量。

昆虫作为食品除了有上述优点外，还有世代短、繁殖快、容易获取等特点。因而在野外遇险时，昆虫往往是遇险者的首选食物。虫名后标有"*"号者为首选食用昆虫。吃昆虫时，可根据当时自己的条件，选择烤、烧、炒、煮、炸等不同的方法食用。

2. 昆虫的药用

古代人们在长期的生活实践中发现昆虫具有药用价值，可以入药治病。中国古代最早的一部医书《神农本草经》中就记录了22种昆虫药物，如石蜜、蜂子、蜜蜡、螵蛸、蚱蝉、白僵蚕、石蚕、蝼蛄、萤火等。陶宏景《名医别录》较《神农本草经》增加了白蜡虫、原蚕、土蜂、蜻蛉等9种昆虫药品。古代医书的集大成者则是明代著名

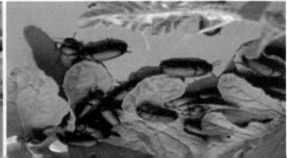

医家李时珍的《本草纲目》，它是古代医学的经典之作。李时珍在书中共收药品1892种，比前人新增374种，其中昆虫类就占了106种，谓之"虫部"。并将其分成卵生、化生、湿生类型，每种昆虫皆分释名、集解、气味、主治、发明、附方等，对每一味昆虫药物的名称由来，前人的各种观点、药性及主治功能等各方面予以详细论述。直至现代，许多昆虫仍是中医治病的良药。

3. 昆虫的养殖

蚕、白蜡虫、蜜蜂等都是重要的资源昆虫，在我国有着悠久的养殖利用历史，但以蚕的价值最

大、影响力最强，构成了我国古代昆虫文化的重要方面。

（1）蚕的养殖

我国古代的蚕桑业十分发达，养蚕历史十分悠久，很早就形成了体系完整的蚕桑文化。根据考古发掘，1926年山西夏县西阴村新石器

时代遗址中发现了一个半割蚕茧，1958年在距今约4800年左右的浙江吴兴钱山漾新石器时代遗址中就有丝制品出土，山西芮城西王村发现有新石器时代的陶蛹，陕西神木石峁发现有新石器时代的玉蚕，河北正定南杨庄发现有新石器时代的陶蚕蛹，河南荥阳青台出土有新石器时代的丝织物。这些表明当时不但养蚕，且丝织技术也达到了一定的水平。因此可以推断，我国古代的养蚕应始于5000年以前。殷墟甲骨文中已经大量出现蚕、丝等象形文字。被现今学者认为是夏王朝历史书的《夏小正》中有三月"妾子始蚕"的记述。《诗经·国风·七月》则是描写当时蚕农采桑养蚕、制成丝织品的情景："七月流火，九月授衣。春日载阳，有鸣仓庚。女执懿筐，遵彼微行，爰求柔桑。春日迟迟，采蘩祁祁。女心伤悲，殆及公子同归。七月

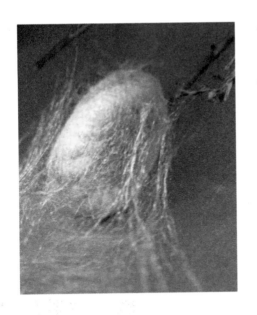

代养蚕业发达的重要原因之一。我国古代的蚕农们在实践中注重对蚕性的观察，不断总结和探索养蚕技术的经验，并取得了显赫的成就，中国古代的农书及相关文献都有极为详尽的载记。晋张华《博物志》中有"蚕三化先孕而交，不交者亦产子；子后为蚕，皆无眉目，易伤，收采亦薄"的记述，就是当时人对蚕性的观察。北魏贾思勰《齐民要术》则对以前的养蚕技术进行了总结，在其卷五"种桑柘"中辑录了前人的养蚕之法，详细地介绍了养蚕的方法及操作技术，包括选种、暖室、温度、卫生、喂食、照明、防雨等，极尽合理。《齐民要术》还收录了《永嘉记》中用低温

流火，八月萑苇。蚕月条桑，取彼斧斨。以伐远扬，猗彼女桑。七月鸣鵙，八月载绩。载玄载黄，我朱孔阳，为公子裳。"从诗中可看出养蚕业已经成为女性的专业。《韩非子·内储》说："妇人拾蚕而渔者握鳝，利之所在，则忘其所恶。"也可说明。由于蚕与人们的物质生活密切相关，蚕的价值一开始就受到统治者的重视，丝织品成为统治阶层的专享品，所以蚕在古代社会有着十分重要的地位，历代的统治者都十分重视养蚕，这是古

冷藏培育八辈蚕（亦称八代蚕）的技术，破坏了蚕种的滞育机能，使蚕可以在一年之内连续繁殖多代。以上说明了我国在5世纪末就已经掌握了蚕的一些自然习性和规律，使用土法解决了现代科学技术才能解决的多化性蚕孵育方法的问题。唐代以后，养蚕技术更是得到了较大发展，达到了理论和技术的系统化、规范化，并有一系列养蚕专著的出现。宋代有秦观《蚕书》、陈旉《农书》，元代有司农司《农桑辑要》、王祯《农书》，明代徐光

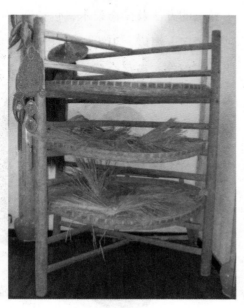

启《农政全书》、宋应星《天工开物》，清代的《授时通考》等等，这些大型农书系统总结了当时的养蚕技术，对蚕种的选育、制种、给桑饲养、蚕病防治、养蚕工具、禁忌等都有详尽的论述，对当时及以后的养蚕技术的进步和发展发挥了重要的指导作用。

（2）白蜡虫的养殖

白蜡虫的分泌物——白蜡，是古代主要的制蜡原料。我国用蜡历史悠久，距今已有3000多年历史。晋陶弘景《名医别录》

中有虫白蜡的利用记载。唐李吉甫《元和郡县志》载邠州、郡州、琼州、唐林州贡赋中有白蜡，说明唐代就有人工养殖白蜡虫。但文献中最早记载是南宋末年的周密《癸辛杂识》，其载："江浙之地，旧无白蜡。十余年间，有道人自淮间带

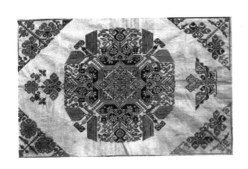

来求售。状如小芡实，价以升计。其法以盆桎（桎字未详），树叶类茱萸叶，生水旁，可扦而活，三年成大树。每以芒种前，以黄布作小橐，贮虫十余枚，遍挂之树间。至五月则每一子出虫数百，遗白粪于枝梗间，此即白蜡，则不复见矣。至八月中始剥而取之，用沸汤煎之，即成蜡矣（其法与煎黄蜡同）。有遗子于树枝间，初甚细，至来春则渐大，收其子如前法散育之。或闻细叶冬青亦克用。其利甚薄，与育蚕之利相上下。白蜡之价比黄蜡高数倍也。"明清时期的书籍记载白蜡虫者渐多，明汪机《本草录编》、李时珍《本草纲目》、徐光启《农政全书》、清吴其浚《植物名实图考长编》等，对白

蜡虫的寄主植物、产地、虫的生态和习性、采蜡和制蜡的过程，都作了详尽的记述。现今西南地区仍是我国白蜡的主产区，但以四川品质最优，产量最高，占全国总产量的90%以上，故有"川蜡"或"川白蜡"之称。

（3）蜜蜂的养殖

中国养殖蜜蜂的历史悠久。《诗经·周颂·小毖》中"莫予荓

去，寻将伴来。经日渐益。遂持器归。"是最早记述人工养殖蜜蜂的文献。宋初，养蜂技术得到了很大发展，王禹偁《小畜集》卷十四则有蜜蜂蜂群繁殖情况的记载，"商于兔和寺多蜂。寺僧为余言之，事甚具。予因问：'蜂之有王，其状若何？'曰：'其色青苍。差大于常蜂耳'。问：'胡以服其众？'曰：'王无毒，不识其他'。问

蜂，自求辛螫"就包括有蜜蜂，文献中最早提及蜜蜂是《山海经·中次六经》，其载："平逢之山……有神人焉，其状如人而二首，名曰骄虫，是为螫虫。实惟蜂蜜之庐。"晋郭璞注："言群蜂之所舍集，蜜赤蜂名。"清郝懿行疏："赤疑亦字之讹，……作蜜者即呼蜜蜂，故曰蜜赤蜂名。"说明在先秦时期人们就开始利用和养殖蜂蜜了。晋代张华《博物志》有养蜂方法的明确记载，其曰："远方诸山蜜蜡处。以木为器，中开小孔，以蜜蜡涂器内外令遍。春月蜂将生育时，捕取三两头著器中。蜂飞

'王之所处？'曰：'窠之始营，必造一台。其大如栗，俗谓之王台。王居其上。且生子其中，或三或五，不常其数。王之子尽复为王矣，岁分其族而去。山甿患蜂之分也，以棘刺关于王台，则王之子尽死而蜂不折矣。'又曰：'蜂之分也，或团如罂，或铺如扇，拥其王而去。王之所在，蜂不敢螫。失其王，则溃乱不可响迹。凡取其蜜不可多，多则蜂饥而不蓄。又不可少，少则蜂堕（惰）而不作'。"

元初鲁明善《农桑辑要》卷七"蜜蜂"、元末明初刘基《郁离子》卷上"灵邱丈人"、明末徐光启《农政全书》、宋应星《天工开物》、清郝懿行《蜂衙小记》等，都有蜜蜂养殖技术的系统记载。现今，养蜂业仍是我国农村一项重要的传统副业。

知识小百科

虫害的防治

中国是以农业文明为特征的农业大国，古代农业生产除受到风雨雷电和干旱等天灾的威胁外，还受到各种昆虫的危害，造成粮食减产甚至绝收，因此历代均重视对农作物害虫的防治。从《春秋》始，我国历代的史书都对虫灾有详细的记载。在诸种农业害虫中尤以蝗虫最为著名、危害最巨，所以灭蝗在古代的农业生产活动中占有重要的地位。早在殷商时期就有蝗灾的出现，殷墟甲骨卜辞中有不少有关蝗灾的内容，如"癸酉贞：不至？""乙酉卜，宾贞：大禹？"等，当时是通过祷告神灵和火烤的方法来消除蝗灾。《诗经》中多次提及蝗虫等害虫，如《小雅·大田》有"去其螟螣，及其蟊贼，无害我田稚"句，《大雅·桑柔》有"降此蟊贼，稼穑卒痒"句，螟、螣、蟊、贼都是危害农作物的昆虫。《尔雅》云："食苗心，螟；食叶，螣；食节，贼；食根，蟊。""蟘"是"螣"的异写，陆玑《毛诗草木鸟兽虫鱼疏》谓"螣，蝗也。"说明在春秋战国时期人们已经认识到蝗虫是食叶害虫，且有相应的防治方法。《春秋》记虫灾始自鲁隐公五年，终至哀公十三年，共发生15次，其中有10次是蝗灾。所以历代统治者非常重视治理蝗灾。《汉书》《后汉书》《资治通鉴》等史书记载秦汉时期400余年中发生蝗灾64次，对蝗灾发生的时间、地区及发生的规模及危害情况都有详细的描写，说明当时人们对蝗灾的重视程度之高。《汉书·平帝纪》载元

始二年"郡国大旱，蝗，青州尤甚，民流亡……遣使者捕蝗，民捕蝗诣吏，以石斗受钱。"是我国历史上最早人工捕蝗的实例。东汉王充《论衡》中则较为详尽技术了汉代的治蝗方法。唐代治蝗最为著名是唐李隆基开元年间宰相姚崇的捕蝗术，姚崇针对山东蝗灾上书唐玄宗提出治蝗对策，采用掘沟捕蝗、火诱扑杀的方法，仅在山东汴州就捕蝗达14万石的辉煌战绩。宋代皇帝多次颁布捕蝗诏令，《熙宁诏》（公元1075年）是最早的治虫法规。历代朝廷均加以效仿，清代的捕蝗法令最齐备，规定了对官员的奖惩措施。

　　古代人很注重捕蝗术的发明和使用。唐代以前多采用烧火引诱、捕击、掘沟等方法捕杀，宋代实现了捕蝗术的进步，发明了掘种之法，就是挖掘蝗卵或捕灭幼蝗。南宋人董煟《救荒活民书》对宋代及以前的捕蝗术进行了总结，记载了许多捕蝗方法，将捕蝗技术系统化，详尽介绍了捕蝗的时间、工具和方法，该书还记录保存了最早的捕蝗术手册"捕蝗法"。明代记载捕蝗术最详者是明末著名农学家徐光启《除蝗疏》，主要分"蝗灾之时""蝗生之地""蝗生之处""昔人治蝗之法""先事消弭之法""除蝗办法""后事剪除之法""备蝗之法"等内容。清代有关捕蝗术的著作甚多，如陈芳生《捕蝗考》、俞森《捕蝗集要》、陆曾禹《捕蝗必览》、王勋《扑蝻历效》、陈仅《捕蝗汇编》、顾彦《治蝗全法》、陈崇砥《治蝗书》等等，都对清代的捕蝗实践发挥了指导作用，对蝗虫的生活习性及发生规律的认识也更为科学和准确。

昆虫的精神文化

　　昆虫不仅影响着人们的物质生活领域，还影响着人们的精神文化生活，并且在人们的思想意识、精神生活方面占有十分重要的地位，构成了昆虫的精神文化。昆虫的精神文化主要体现在以下几个方面：

　　（1）昆虫的神话传说

　　古代中国人在长期利用昆虫资源的实践中，深受万物有灵论观念的影响，产生了有关昆虫的神话传说。晋·干宝《搜神记》载"太古之时，有大人远征，家无余人，唯有一女，牡马一匹。女亲养之，穷居幽处，思念其父。乃戏马曰：'尔能为我迎得父还，吾将嫁汝。'马既承此言，乃绝缰而去，径至父所。父见马惊喜，因取而乘之。马望所自来悲鸣不已。父曰：'此马无事如此，我家得无有故乎？'急乘以归。为畜生有非常之情，厚加刍养。马不肯食，每见女出入輒喜怒奋击，如此非一。父怪之，密以问女，女具以告父，必为是故。父曰：'勿言，恐辱家门，且莫出入。'于是，伏弩射杀之，暴皮于庭。父行，女与邻女于皮所戏，以足蹙之。曰：'汝是畜生，而欲取人为妇耶！招此屠剥，如何自苦？'言未及竟，马皮蹶然而起，卷女以行，邻女忙怕，不敢救之。走告其父，父还求索已出失之。后经数日，得于大树枝间，女及马皮尽化为蚕，而绩于树上，其茧纶理厚大，异于常蚕。邻妇取而养之，其收数倍，因名其树曰桑。桑者，丧也。由斯百姓竞种之，今世所养是也。言桑蚕者，是古蚕之余类也。"这就是马头娘（即蚕神）的神话传说。梁山伯与祝英台双双化蝶则是一则流传极广的神话传说故事，具有强烈的浪漫色彩，寄托了人们对自由的爱情婚姻的向往。唐·李公佐《南柯太守传》则记述了一书生因醉入梦的大槐安国，乃是大槐树下的一蚁穴的梦化故事。《山海经·中山经》还记有司蜂之神"缟羝山之首，曰平逢之山，南望伊洛，东望谷城之山，无草木，无水，多沙石。有神焉，其状如人而二首，名曰骄虫，是为螫虫，实唯蜂蜜之庐。"可见蜂神其状如人。《庄子·齐物论》记载了庄周梦中化蝶的故事。上述神话与传说故事，表明了古代人们对昆虫的崇敬之情，基于宗教之信仰而加以崇拜之。

（2）昆虫与文学

昆虫自古就是古代文学描述的重要题材，尤其是诗词歌赋中的咏颂昆虫的作品数量极多，并且形成了独特的审美情趣和风格，是整个古代文学中最精彩的部分之一。中国古代最早的诗歌总集《诗经》中多处描述昆虫，《国风·豳风·七月》有"五月斯螽动股，六月莎鸡振羽。七月在野，八月在户，九月蟋蟀入我床下"诗句就提及三种昆虫，此外"螓首蛾眉""蚕月条桑""蜾蜾者蠋"等，都是描写昆虫的著名诗句。开创了古代咏颂昆虫的先河。魏晋南北朝时期产生了咏物诗后，昆虫作为独立的咏颂题材受到历代文人们的喜爱，成为他们托虫言志、以虫寓情的对象，逐渐形成了风格独特的咏虫诗赋，成为古代诗歌中的一大类别。古代人咏颂最多的是萤火虫、蝉、蝴蝶等昆虫。

　　萤火虫因其夜晚闪亮的萤光引得人们无限的遐想，因此成为古代诗赋里出现较多的题材。梁简文帝《咏萤》诗："本将秋草并，今与夕风轻。腾空类星陨，拂树若花生。屏神疑火照，帘似夜珠明。逢君拾光彩，不吝此身倾。"这里描述了萤火虫的明亮、灿烂，歌颂了萤火虫的无私奉献精神。初唐诗坛四杰之一骆宾王的《萤火赋》借写

萤火虫自况："况乘时而变，合气而生。虽造化之万殊，亦昆虫之一物。应节不愆，信也；与物不竞，仁也；逢昏不昧，智也；避日不明，义也；临危不惧，勇也。事沿情而动兴，理顺物而多怀。感而赋之，聊以自广云尔。"作者以萤火虫之"五德"颂扬信、仁、智、义、勇的人格规范。从飞萤流空的自然现象中感悟到"彼翩翩之弱，

尚骄翼而凌空；何微生之多踬，独宛颈以触笼”的人生艰难，发出“如过隙兮已矣，同奔电兮忽焉”的感叹，但作者认为仍要学习莹火虫的“倘余辉之可照，庶寒灰之重燃”的精神。

蝉因其具有“饮露而不食”和明亮的嘶鸣声之特性，受到了古代文人推崇，写下了大量的咏蝉诗赋，表现作者的与世无争、与人无求、洁身自好、自由而独立之人生境界。曹植《蝉赋》赋蝉之“与众物而无求”“漱朝露之清流”清高特征。陆云《寒蝉赋》则赋“吸朝华之坠露，含烟煴以夕餐”，傅玄《蝉赋》赋“缘长枝而仰视兮，及渥露之朝零”，都是将蝉视为“清流”之象征而赋赞。傅玄《蝉赋》还颂蝉有“泊无为而自得兮，聆商风而和鸣。声嘒嘒以清和兮，遥自托乎兰林。嗟群吟以近唱兮，似箫管之余音。清激畅于遐迩兮，时感君之丹心”的精神，其实正是其自身精神之追求。初唐诗人骆宾王在狱中听到秋蝉的鸣叫，不禁悲愤难已，于是抱着“见螳螂之抱影，怯危机之未安”的心情，自比秋蝉，写下了著名的《在狱咏蝉》诗，其

中"露重飞难进，风多响易沉。无人信高洁，谁为表予心"诗句，真切地勾画出诗人自己宛如"咽露哀蝉"般的魂魄。唐·李商隐《闻蝉》诗："本以高难饱，徒劳恨费声。五更疏欲断，一树碧无情。薄宦梗犹泛，故园芜已平。烦君最相警，我也举家清。"诗人借蝉之特性暗喻自己的清高境界。唐·贾岛《病蝉》诗则把蝉表现为受难者的形象，"病蝉飞不得，向我掌中行。折翼犹能薄，酸吟尚极清。露华凝在腹，尘点误侵晴。黄雀兼鸢鸟，俱怀害尔情。"诗人借以病蝉的形象来象征官场失意的文人。唐·罗邺《蝉》诗："才入新秋百感生，就中蝉鸣最堪惊。能催时节凋双鬓，愁到江山听一声。"司空曙《新蝉》诗："今朝蝉忽鸣，迁客若为情。便觉一年老，难令万感生。"是诗人听到蝉声而顿生美人迟暮、人生苦短的心理体现。

蝴蝶是昆虫中最美丽的，它那轻盈的体态、姣好的容貌、翩翩的舞姿，常常引得历代诗人的情思和无限暇想。梁·简文帝《咏蛱蝶》有"复此从风蝶，双双花上飞。寄语相知者，同心终莫为"句，郑

元佑《花蝶谣》有"痴娥眼娇错惊顾，解裙戏扑沾零露。折钗搔首笑相语，阿谁芳心同栩栩"句，贾蓬莱《咏蝶》的"薄翅凝香粉，新衣染媚黄。风流谁得似，两两宿花房"诗，都是诗人从蝴蝶双飞起舞景象中引发的联想，将其视为爱情的象征。此外，蟋蟀、蚕、蝗虫、蚊、蝇、蜂、蜻蜓等昆虫也是古代文人表现的题材。

（3）昆虫与绘画

昆虫入画在中国有着悠久的历史，商周时代的青铜器物上，就发现有蝉纹，有的与实物十分相像，是写实的手法；有的则加以变形，形成蝉形的几何图案。这些蝉纹主要是用于装饰。这时期还出现了很多蝉形的玉器，被作为佩戴饰物和殉葬品。秦汉时期的服饰、壁画中，昆虫的形象极为常见。魏晋时期出现了我国最早而有系统的昆虫画《尔雅图》，是晋代郭璞绘制的，但这只是当时人作为理解文字内容的附图，而非真正意义上的绘画之作。南北朝时期是我国古代山水画和花鸟画萌发与形成时期，昆虫入画越发增多。

南朝宋顾景秀首创蝉雀，有《蝉雀麻纸图》传世。陆探微亦有《蝉雀图》，见于《历代名画记》。初唐善画昆虫的高手有阎玄静，主要善画蝇、蝶、蜂、蝉。唐代画昆虫最著名的皇亲贵族是滕王李元婴，史载其"善丹青，长蜂蝶"，有作品《蛱蝶图》传世。五代著名画家黄筌《写生珍禽图》，平列各种雀草虫，有蜂、蝉、蟋蟀、飞蝗、蚱蜢、天牛等昆虫，个个逼真，栩栩

如生，极精细准确，用色浓淡相宜。同代的徐熙也是画昆虫的高手名家。宋代山水花鸟画家甚众，以草虫名于时者有徐崇嗣、易元吉、

豪端。华岩、钱纶画花鸟草虫，风神简古，点染如生。清代的《芥子园画传》是一部影响很大的画谱，介绍了蛱蝶、蜂、蛾、蝉、蜻蜓、豆娘、螽斯、蚱蜢、蟋蟀、飞蜓、蚂蚱、络纬、螳螂、牵牛等14种昆虫，仅用笔勾绘出草虫的基本形态，虽用笔简单，却形神兼备，表现了明清画家的高超技艺。该书还总结了历代绘画草虫的经验和理论，提出了画昆虫的法则，出现了昆虫"画法""画诀"等理论技法，被视为后世学画者临摹的入门书。近代著名画家齐白石先生所画昆虫极多，常见的有蝴蝶、蜜蜂、蜻蜓、蟋蟀、螳螂、细腰蜂、纺织娘、蚕、蝈蝈、飞蛾

崔白、赵昌等。易元吉所画花鸟蜂蝶，动辄精奥，时称徐熙后第一人。赵昌所作蝴蝶造型严谨，设色雅致，局部描绘细腻，尤其蝶须画得极有动感，看似简单，实为匠心独具，有《蛱蝶图》《四喜图》存世。明代出现了许多花鸟草虫的画家，清·王著《画草虫浅说·画法源流》称："明之孙隆、王乾、陆元厚、韩方、朱先，俱为花卉中兼善名手。草虫之外，更有蜂蝶，代有名流。"其他画家吕纪、边文进、石田翁等，亦善草虫。清代康熙间的恽南田专绘花竹草虫，简洁精致，设色明丽，天机物趣，毕集

等。《群蝶》《豆角蟋蟀》《藤萝蜜蜂》《蜻蜓》《贝叶蝉》等都是其重要的作品。

（4）昆虫的崇拜

中国古代很早就存在着对生物和无生物的崇拜意识，在昆虫身上也有反映。最著名的则是对蚕神的崇拜。

中国早在殷周时期就存在祭祀蚕神的习俗，殷墟甲骨卜辞就有不少与蚕神有关，如"卜蚕王吉""贞元示五牛，蚕示三牛。十三月""蚕示三宰"等，说明当时祭蚕神时要用牛羊3只至20只，有时还用活人祭奠。《周礼》有"中春，诏后帅外内命妇始蚕于北郊，以为祭服"的记载，《礼记·祭统》也载："是故天子亲耕于南郊，以共齐盛。王后蚕于北

郊，以共纯服。诸侯耕于东郊，亦以共齐盛。夫人蚕于北郊，以共冕服。天子、诸侯非莫耕也，王后、夫人非莫蚕也，身致其诚信。诚信之谓尽，尽之谓敬，敬尽然后可以事神明。此祭之道也。"是说在每年的一定时间内，天子诸侯都要亲自耕作，后妃则要到公桑蚕室去植桑养蚕，为了表达对先农、蚕神的崇拜之情。但当时祭祀蚕神是用"少牢（一羊一豚）之礼"，《后汉书·礼仪志》有"是月，皇后帅公卿诸侯夫人蚕。祠先蚕，礼以少

牢"的记述。先蚕是指始蚕之人，亦即蚕神。

蚕神的形象十分奇特，民间传说为一年轻女子，身上披着马皮，且与身子连为一体。唐人孙颜《原化传拾遗》之"蚕女"云："今冢在什邡、绵竹、德阳三县界，每岁祈蚕者，四方云集，皆获灵应。宫观诸化塑女子之像，披马皮，谓

之马头娘，以祈蚕桑焉。"这种形象可从先秦文献《山海经·海外北经》得到印证，其曰："欧丝之野，在大踵东，一女子跪据树欧丝。三桑无枝，在欧丝东，其木长百仞，无枝。"所不同是把蚕变成了人的形象。先秦思想家荀子《蚕赋》中有"五泰占之曰：此夫身女好而头马首者与"的赋句，当来自民间的传说。马头娘（蚕神）极受民间崇拜，清·光绪《嘉兴府志》载浙江嘉兴地区崇拜蚕神"吴兴掌故所称马头娘，今佛寺中亦有塑像，妇饰而乘马，称马鸣王菩萨，乡人多祀之。"清·光绪《桐乡县

志》卷七引当地人李廷辉《蚕桑词》有"绿遍郊原是女桑，村村竞赛马头娘。去年舟泊嘉兴道，曾记蚕词赋六章"诗描述祭祀蚕神之况。

蚕神在古代的史书中有记载。南朝刘昭注《后汉书·礼仪志上》"蚕神"称："汉旧仪曰，春桑生而皇后视桑于苑中。蚕室养蚕千薄以上。祠以中牢羊豕。今蚕神曰，凡二神。群臣妾从桑，还献于茧观。皆赐从桑者乐。皇后自行凡蚕丝絮织室以作祭服。祭服者，冕服也。天地宗庙，群臣五时之服。其

皇帝得以作缕缝衣，得以作中絮而已。置蚕官，令丞诸天下官皆诣蚕室亦妇人从事，故旧有东西织室作法。晋后祠先蚕，先蚕坛高一丈，方二丈，为四出陛，陛广五尺，在采桑坛之东南。"说的是菀窳妇人和寓氏公主二人为蚕神。《路史后纪》载："黄帝元妃西陵氏曰嫘祖，以其始蚕，故又祀先蚕"。宋刘恕《通鉴外纪》亦载："西陵氏之女嫘祖为帝元妃，始教民育蚕，治丝茧以供衣服，而天下无皴瘃之患，后世祀为先蚕。"说黄帝的妻子嫘祖是先蚕。但在元代以后的民间则将三者合为一体，居中为嫘祖，左右分别是菀窳妇人、寓氏公主，都被视为蚕神而崇拜之。据《清史稿》载，清代祭祀先蚕的礼仪要持续数日，先于蚕坛由皇后拜先蚕之神位，行六肃、三跪、三拜之礼，从祀妃嫔在坛下跪拜。第二天，再行躬桑礼，由专人向皇后进筐、钩，内官们扬彩旗、鸣金鼓、歌采桑辞，乐声中，皇后于桑畦北正中开始，东西三采。妃嫔公主各五采，命妇九采。采下的桑叶由蚕母跪接，授蚕妇拿去养蚕。蚕结茧后，蚕母、蚕妇从中选取上好的蚕茧献上，择吉日，皇后到蚕坛后的织室行治茧礼，缫三盆，交于蚕妇。至此，祭礼才宣告结束。如今北京北海公园中还留存有明朝所建的先蚕坛，坛为方形，径四丈，高四尺，四出陛，坛东为采桑台，广三丈二尺，高四尺，三出陛，观桑台前为桑园，三面树桑柘，有具服殿、茧馆、织室、亲蚕殿等。后为浴蚕池，池北为后殿，宫左右为蚕妇浴蚕河。南北有二木桥，南桥之东为先蚕殿，其左为蚕署，北桥东为蚕所。周垣为一百六十丈，尺中建筑均用绿琉璃瓦，意通蚕桑。此外，中南海丰泽园、西安门内万寿宫西南等处曾建有先蚕坛。

虫游古诗中

　　两千多年来，我国历代文人墨客写下了数以万计脍炙人口的的诗篇。唐朝曾经是我国历史上文化昌盛的朝代，更是留下了不少光采夺目的诗篇。其中广为流传、脍炙人口的当推《唐诗三百首》。在这三百首光辉篇章中，有一些与昆虫有关的诗句，是诗人以虫寓意、抒发情怀的。例如，"夜深静卧百虫绝，清月出岭光入扉。"（韩愈《山石》）描写一片万籁无声的宁静夜色；"风枝惊暗鹊，露草泣寒虫。"（戴叔伦《江乡故人偶集客舍》）以此比喻过路客人投宿时的情景；"今夜偏知春气暖，虫声新透绿窗纱。"（刘方平《月夜》）勾画出一幅春意盎然的图画！这些咏虫诗，不仅使自然美在艺术上得到了再现，而且生动形象地描述了昆虫的形态特征和生物学特性等丰富知识。

◆ 梦 蝶

　　蝴蝶最早见于文学作品是先秦散文名著《庄子》，庄周梦蝶即为其中有名的一篇。文中述说庄周梦见自己变成了一只蝴蝶，"栩栩然蝴蝶""不知周也"。等他醒来，

惊奇地看到自己是庄周。因此，他糊涂了，不知是庄周做梦成蝴蝶，还是蝴蝶做梦成庄周。这个寓言是要说明，蝴蝶与庄周、物与我，本来就是一体，没有差别，因此不必去追究。自此以后的2000多年中，庄周梦蝶就成了文人墨客借物言志的重要题材，蝶梦也就成了梦幻的代称。唐代诗人李商隐的《锦瑟》诗中充满对亡友的追思，抒发悲欢离合的情怀，诗中引用庄周梦蝶的典故，上句"庄生晓梦迷蝴蝶"喻物为合，而下句"望帝春心托杜鹃"喻物为离。《长干形》的诗中，也有一句："八月蝴蝶黄，双飞西园草。"杜甫诗《曲江二

首》中写道："穿花蛱蝶深深见，点水蜻蜓款款飞。"将蝴蝶在花丛中飞舞觅食、交配、产卵和蜻蜓点水产卵，一触即飞之状，描绘得栩栩如生。北宋谢逸在《蝴蝶》中描述到："狂随柳絮有时见，舞入梨花何处寻。"南宋杨万里《宿新市徐公店二首》诗云："儿童急走追黄蝶，飞入菜花无处寻。"分别描述菜白蝶在白色的梨花中飞舞和黄粉蝶喜在黄色的油菜花中飞舞的情景，由于两种蝶的保护色，使蝶、花一色，难以辨认。唐祖咏《赠苗发员外》中有"丝长粉蝶飞"的诗句，描写的就是尾突细长如丝、婀娜多姿的丝带凤蝶。 还有唐代卢

纶《咏玫瑰花寄赠徐侍郎》："蝶散摇轻露，莺衔人夕阳。"元稹《景申秋八百》："蜻蜓怜晓露，蛱蝶恋秋花。"王建的《晚蝶》："粉翅嫩如水，绕彻乍依风。日高霜露解，飞人菊花中。"都道出了蝶恋花喜欢白天活动的习性。王和卿《仙吕醉中天·咏大蝴蝶》诗："蝶破庄周梦，两翅驾东风。"描述了蛹羽化为蝶、蝶凌空飞舞的变化过程。

"老骥伏枥"之志和"鞠躬尽瘁"之心。唐代张籍《田家行》诗："野蚕作茧人不取，叶间扑扑秋蛾生。"描述了蚕作茧化蛹、茧中出蛾的现象。

颂　蚕

《唐诗三百首》中提到蚕的只有两首："雉雊麦苗秀，蚕眠桑中稀。"（王维《渭川田家》）；"春蚕到死丝方尽，蜡烛成灰泪始干。"（李商隐《无题》）。传说养蚕是黄帝的元纪螺祖首创，已有5200年以上的历史。总之，蚕浑身都是宝，对人类贡献极大。诗人以"春蚕到死丝方尽、蜡炬成灰泪始干"的名句抒发情怀，表示

咏　蝉

《唐诗三百首》中有关蝉的诗句最多。蝉隶属于同翅目蝉科，其卵多产于树木嫩枝皮下组织内，幼虫生活在土中长达数年之久。北美有一种蝉，它的幼虫需在土

中生活17年，故称17年蝉。蝉的羽化期多在夏季，所以有"蝉鸣空桑叶、八月萧关道"（王昌龄《塞上曲》）的诗句。雄蝉的腹基部两侧有发音器，依靠振动发音器来"蝉鸣""蝉唱"，如果清晨有露或大雨将至，蝉鸣则止、蝉唱暂休。故有"客去波平槛、蝉休露满枝"（李商隐《落花》）的诗句。虽然有"倚仗柴门外、临风听暮蝉"（王维《辋川闲居赠裴秀才迪》）的诗句，来抒发诗人清闲悠然的心境。但有的诗句却是借蝉声来表达诗人清高与思怀的。如"西陆蝉声唱，南冠客思深"（骆宾王《在狱中咏蝉》）。作者的高风亮节在其序中，以蝉喻之，描写得淋漓尽致。"日夕凉风至，闻蝉但益悲"（孟浩然《秦中寄远上人》），抒发诗人对远方友人的思念。戴叔伦《画蝉》诗："饮露身何洁，吟风韵更长，斜阳千万树，无处避螳螂。" 可算是"螳螂捕蝉，黄雀在后"成语的艺术再现。

⊕ 扑 萤

"银烛秋光冷画屏，轻罗小扇扑流萤"（杜牧《秋夕》），这是唐诗中的绝妙佳句，早已脍炙人口。萤属于鞘翅目萤科，幼虫常在腐草堆中觅食小虫，故有"腐草为萤"之误。李商隐《隋宫》中，也有"于今腐草无萤光，终古垂杨有暮鸦"之句。 萤具有昼伏夜出的习性，所以有"夕殿萤飞思悄然，孤灯挑尽未成眠"（白居易《长恨歌》）的诗句，写的是唐明皇夜不成寐思念杨玉环的情景。

昆虫与民俗学问

有谁会想到，看似小小的昆虫们却与我们的生活密切相关。它不但影响着我们的生活，而且还与我们的民俗文化有着非常密切的联系。它堪称我们民俗文化的"信使"。中华民族是一个拥有5000多年悠久历史、集居着56个民族的文明古国，各民族的民俗风情更是丰富多彩，其中的虫文化也别具一格。

婚礼中的吉祥虫

在众多的昆虫种类中，有一些种类被喻为向往美好和吉祥的象征，其中蜜蜂和蚕是典型的代表。因为蜜蜂可酿蜜、产蜂蜡，蚕能吐丝织茧，是人们发家致富的好帮手。唐代李商隐的著名诗句"春蚕到死丝方尽，蜡烛成灰泪始干"，耐人寻味，常吟至今。因此，人们常将蜜蜂视为甜蜜和勤劳的化身，将蚕喻为无私的奉献者，并将两虫视为婚礼中的吉祥虫。如我国拉古族人有捕蜂制成蜂蜡烛的习俗，在举行婚礼时，一对新人一定要点燃

两支蜂蜡烛，以喻示他们婚后生活充满光明、甜蜜与幸福。蜂蜡灯在拉古族人的婚礼中之所以不可缺少，据说源于一个古老的传说："一对恋人因双方父母有矛盾而不同意他们的婚恋，无奈二人为情爱双双自杀而亡。后来二人坟上长出一棵七里香花树。不知为何两家长辈所养的蜜蜂都到这棵花树下来采蜜。双方家长吃了蜂蜜，又想念起

亡故的儿女，悲悔莫及，不约而同来到这棵花树下握手言和了"。从此往后，晚辈们的婚恋不再受干涉了。人们把蜂蜡烛视为自由、光明和美好的象征。我国的另一少数民族京族人在举行婚礼之日，要有一系列的"歌宴"来欢庆，据说其中最精彩的是"结义歌"，其中男女对唱段"我俩犹如蚕虫，共吃一张桑叶，共一簇草吐丝"（男）；"我俩犹如蜜蜂，一在窝内一在窝外（女）"……，将象征婚姻的和和美美与甜甜蜜蜜的欢乐气氛推向高潮，增加了婚礼的情趣与热闹。

千古之恋化作蝶

人们经常看到，蝴蝶总是成双成对地飞舞在花丛、田野中，画家与作家也常以此为创作素材，赞美人间的爱情之美好。早在1400多年前，梁·简文帝就有"复此从风蝶，双双花飞上；寄语相知者，同心终莫违"（《咏蚊蝶》）的诗

句。在民间和许多民族宗教、习俗中，常视死去的人之灵魂终将会化为蝴蝶。 我国古典名曲名作《梁山伯与祝英台》是家喻户晓、名扬海外的佳作，是我国人民宝贵的精神财富。它所表现的纯洁、坚贞，而又凄婉、悲壮的爱情故事最终以二人化蝶双飞而成为千古绝唱。古今多少耳闻目睹过这一作品的人，在赞美与同情之中，更为二人的亡魂双双化作蝴蝶飞向美好爱情的自由王国而深深地祝福。

在西方一些国家，人们在婚礼上有的用蝴蝶表示对新婚夫妇的美好祝愿。蝴蝶的绚丽多彩和阿娜多姿常给喜庆之日增添了美好的瑕想和欢乐的气氛，是将神话、宗教、民族与欢庆融为一体的集中体现。

斗蟋蟀

斗蟋蟀是一项具有中国民族特色的民俗活动，在中国具有1000多年的历史。宋·顾文荐在《负暄杂录·禽虫善斗》中称："禽虫之微，善于格斗。见于书传者，唐明皇生于己酉而好斗鸡，置鸡坊、鸡场，见之《东城父老传》。斗蛋亦

始于天宝间，长安富人镂象牙为笼而畜之，以万金之资，付之一啄，其来远矣。"蛩是蟋蟀异名，是对斗蟋蟀的最早记载。南宋末年奸相贾似道酷爱斗蟋蟀，因斗蟋蟀而误国，后人戏称"蟋蟀宰相"，还写就了我国古代第一部蟋蟀著作《促织经》，书分二卷，分论赋、论形、论色、决胜、论养、论斗、论病等，对蟋蟀进行了详尽系统的论述，展示了当时人们斗蟋蟀的水平。由此可见在宋代斗蟋蟀已经形成为一种较为特殊的文化形态，而后逐渐被融入中国传统文化的体系。明代斗蟋蟀之风更为盛行，

就连皇帝也酷好此戏。《万历野获编》卷二十四载："我朝宣宗最娴此戏，曾密诏苏州知府进千个。一时语云：'促织瞿瞿叫，宣德皇帝要'。"简直达到了玩物误国的程度。清代文学家蒲松龄曾以明宣德朝皇帝斗蟋蟀之戏的真实故事为题材，写成小说《促织》，描写主人公成名一家围绕进贡蟋蟀而发生的悲剧故事，揭露了皇帝的喜乐造成的严重社会问题。明代永乐皇帝迁都北京后，京城人无论城乡妇幼皆以斗蟋蟀为乐。明袁宏道就曾著文描述游历京城时所看到的情景："京师人至七八月，家家皆养促织。余每至郊野，见健夫小儿群聚草间，侧耳往来，面貌兀兀，若有

所失者。至于溷厕污垣之中，一闻其声，踊身疾趋，如馋猫见鼠。瓦盆泥罐，遍市井皆是。不论老幼男女，皆引斗以为乐。"

明代还出现了许多研究蟋蟀的著作，如周履靖《促织经》、袁宏道《促织志》、刘侗《促织志》等，对提高当时斗玩蟋蟀的技艺发挥了重要作用。清代满人入关后，斗玩蟋蟀之风不减。文人玩蟋蟀注重于情趣，借此陶冶性情，抒发情感；市井之民则在于

赌博。清人陈扶谣著《花镜》记杭州、南京人斗玩蟋蟀曰："每至白露，开场者大书报条于市，某处秋色可观。此际不论贵贱，老幼咸集。初至斗所，凡有持促织而往者，各纳之于比笼，相其身

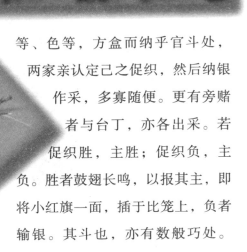

等、色等，方盒而纳乎官斗处，两家亲认定己之促织，然后纳银作采，多寡随便。更有旁赌者与台丁，亦各出采。若促织胜，主胜；促织负，主负。胜者鼓翅长鸣，以报其主，即将小红旗一面，插于比笼上，负者输银。其斗也，亦有数般巧处。

或斗口，或斗间。斗口者勇也，斗间者智也。斗间者俄而斗口，敌弱也。斗口者俄而斗间，敌强也。"清顾禄《清嘉录》记苏州人斗玩蟋蟀的情景："大小相若，铢两适均，然后开册。斗时有执草引敌者，曰芡草。两造认色，或红或绿，曰标头。台下观者即以台上之胜负为输赢，谓之贴标。斗分筹码，谓之花。花，假名也。以制钱一百二十文为一花，一花至百花、千花不等，凭两家议定，胜者得彩，不胜者输金，无词费也。"清

代北京仍盛行斗蟋蟀，据潘荣陛《帝京岁时纪胜》载："都人好畜蟋蟀，秋日贮以精瓷盆盂，赌斗角胜，有价值数十金者，为市易之。"传说清末慈禧太后也喜好斗玩蟋蟀，光绪年间每年都要住进颐和园，在重阳节这天开赌斗蟋蟀。斗蟋蟀作为一种源远流长的民俗活动，近一二十年间又有红火的发展，京津沪杭地区都建立有专门的场所，有的还成立蟋蟀研究会，斗蟋蟀这一传统的民间娱乐活动得到了延续。

养鸣虫

畜养鸣虫（善于鸣叫的昆虫）也是古代一种民间的精神娱乐活动，在我国有着悠久的历史传统，最迟不晚于唐天宝年间。五代王仁裕《开元天宝遗事》载："每至秋时，宫中妃妾辈皆以小金笼提贮蟋蟀，闭于笼中，置之枕函畔，夜听其声。庶民之家皆效也。"宋陶谷《清异录》也载唐代的长安城里有人养鸣蝉取乐，"唐时京城游手，夏月采蝉货之，唱曰：'只卖青林乐！'妇人小儿争买，以笼悬窗户间，亦有验其声长短为胜负者，谓

之仙虫社。"宋代人开始畜养鸣虫莎鸡（即纺织娘），新安人罗愿《尔雅翼》对此有"莎鸡振羽作声，其状头小而羽大，有青褐两种。率以六月振羽作声，连夜札札不止。其声如纺丝之声，故一名络纬。今俗人谓之络丝娘，盖其鸣时又正当络丝之候，故《豳诗》云

织相似，而清越过之。余尝畜二笼，挂之檐间，露下凄声彻夜，酸楚异常，俗耳为之一清。少时读书杜庄，晞发松林景象，如在目前，自以为蛙吹鹤唳不能及也。"表明当时北京人对畜养鸣虫的兴趣之高。明末湖北麻城人刘侗《帝京景物略》书中还详细记载了明代人畜养各种鸣虫的特征、习性及饲养方法。清代玩养鸣虫之风更盛，市民的玩兴不减。潘荣陛《帝京岁时纪胜》记乾隆朝京城人的养

'六月剎鸡振羽，七月在野，八月在宇，九月在户'也。寒则渐近人。今小儿夜也亦养之，听其声。能食瓜苋之属。"明代鸣虫的畜养活动十分活跃，上至皇公贵族，下至贫穷百姓，都以畜养为乐。明袁宏道《促织志》论斗蟋蟀时提及到京城人畜养鸣虫蝈蝈时说："有一种似蚱蜢而身肥大，京师人谓之聒聒，亦捕养之；南人谓之纺织娘。食丝瓜花及瓜穰，音声与促

殖、出售鸣虫已经成为一种专门的职业，北方的鸣虫已长途贩运至南方售卖。清代人畜养的鸣虫种类有油葫芦、蛐蛐儿、蝈蝈、金钟儿、纺织娘等。鸣虫畜养这一具有千年历史的民俗娱乐活动在现今仍有旺盛的生命力，养虫听叫仍是人们生活中的一大乐事。

虫风俗，有"少年子弟好畜秋虫，曰蛄蛄，乃蝼蛄之别名。……此虫夏鸣于郊原，秋日携来，笼悬窗牖，以佐蝉琴蛙鼓。能度三秋，以雕作葫芦，银镶牙嵌，贮而怀之，食之嫩黄豆芽、鲜红萝卜。偶于稠人广众之中，清韵自胸前突出，非同四壁蛩声助人叹息，而悠然自得之甚"的载述。清时在江南地区也兴盛畜养鸣虫，顾禄《清嘉录》记云："秋深笼养蝈蝈，俗呼为'叫哥哥'，听鸣声以为玩。藏怀中，或饲以丹砂，则过冬不僵。笼刳干葫芦为之，金镶玉盖，雕刻精致。虫自北来，薰风乍拂已千筐百筥集于吴城矣。"可见当时捕捉、繁

昆虫艺术多姿多彩

昆虫艺术，在我们生活中随处可见，影视、剧作、书画、工艺品等，精良之处大有美不胜收之感。下面来作简单介绍。

◈ 昆虫钱币

古往今来，在许多艺术性很高的硬币上可以见到许多形态各异的昆虫图案，如蜜蜂、蝴蝶、甲虫、蚱蜢、蚂蚁、蝉、螳螂等。据说昆虫可以作为神的象征而被推崇铸币，如蜜蜂代表了在以弗所神庙中的阿尔忒弥斯女神。有人统计，公元前7世纪的古希腊就有300多种铸造精良的昆虫钱币。古罗马在公元前44年已有200多种。然而，自凯撒大帝到公元16世纪，"昆虫硬币"几乎绝迹。当今世界上也仅有100多种。

◈ 昆虫像章

在各种各样的纪念章、徽章、奖章中，也常出现昆虫图案。如为了纪念北京昆虫学会成立40周年，

特制了精美的昆虫纪念币和纪念章，上有螳螂图案。美国犹他州的州徽上有蜜蜂和蜂房的图案。蝴蝶纪念章常象征死亡与复活，多为祭奠国王或名人的死亡。德国的蝗虫纪念章是为纪念几次大规模的蝗灾特制的。蚂蚁徽章在国外的一些大银行可以见到，常作为行徽以表示要厉行节约。

⊕ 昆虫邮票

有些邮票上印制了神采各异、色彩亮丽的昆虫形象，这类昆虫邮票往往为广大邮迷朋友竞相收

藏。在邮票上一展风采的昆虫种类很多，有蝴蝶、蜻蜓、蟋蟀、蠡斯、各种甲虫、蜜蜂、蝗虫、蝉、椿象、螳螂、天牛等，其中无论从数量和种类上，恐怕要数蝴蝶邮票最为得宠。从1950—1957年，瑞士每年发行一套冬季慈善邮票，都以昆虫为题，其中共有蝴蝶邮票13枚；1953年5月莫桑比克发行了《蝶蛾》普通邮票，十分美观，被誉为"蝶邮之王"。1963年，中国发行了20枚蝴蝶邮票。20世纪80年代后，蝴蝶邮票的发行种类和数量在不断增多，且主题突出。如为纪念国际昆虫学会曾2次发行蝴蝶邮

票：第一次是1980年日本发行的1枚日本虎凤蝶邮票，为纪念第16届会议；第二次是1988年加拿大发行的一套4枚蝴蝶邮票，为纪念第18届会议。还有以保护野生动物、以纪念名人、科学家等等为主题的蝴蝶邮票。因此昆虫邮票不仅精美、好看、可收藏，而且它所体现的主题，也与人类文化生活密不可分。

昆虫书法

现在有人已发现了昆虫美妙而奇特的"书法"。据报载，日本书法家佐佐木洋对昆虫"书法"颇有研究，他在长期的观察研究中发现，许多被虫潜食或啃食过的植物叶片所留下的食痕非常奇妙，从中可以寻觅到许多种"文字"，有汉字、阿拉伯字、日本片假名字母等，各种字形字体不仅形似，而且极具"书法"特色，他将这些昆虫"书法"的叶片收集起来，别出心裁的出版成书。

据有关书中介绍，在我国棉区曾有位姑娘用糖蜜在墙上写了3个字，想给自己心上人看，不久，蚂蚁闻到糖蜜的味道，纷纷聚集而来取食，结果由蚂蚁组成的3个字"我爱你"非常醒目。

舞""鸟语花香""桂林山水"，以牛、狗、猫、鸡、虎、骆驼等"动物类"等为主题，创作出近30多幅精美别致的蝴蝶国画，深得国内外爱好者的喜爱。通过此画，曹明先生还与国外有关同行建立了长期友好往来。

昆虫国画

古今中外，不少画家以昆虫为创作素材，创作出一幅幅精美的画作。然而，用昆虫为材料，通过剪贴创作成画的却为之甚少。上海昆虫研究所的曹明先生，曾是这样的一位国画创作者。他主要以蝴蝶翅膀为材料，近十年来主要以"国宝熊猫""万里长城""静物"、能歌善舞的"少数民族""彩蝶共

昆虫建筑与地名

　　清代，在北京紫禁城中建有螽斯门，据说古人有"螽斯——生百子"的民间传统说法，因此希望皇室家族儿孙满堂、兴旺发达。蝗庙和蚕庙是过去民间为祭神而建。

　　云南大理的"蝴蝶泉"是我国云南有名旅游景点，蝴蝶泉边有一

颗歪斜的古树，古树下有一池碧绿的深泉，当时虽是12月份，未见彩蝶纷飞，但前来观光的人仍然络绎不绝。据当地人及资料图片介绍，每年春末夏初开始，万蝶纷飞落满

古树，其中以粉蝶、蛱蝶和凤蝶为多，它们相互追逐，在泉边戏耍，常飘落成行垂挂于树枝，似飞舞的彩带。

　　台北的"千蝶谷"是饲养蝴蝶最好的地方，在这里种植有四五万株蜜源植物常可吸引40多种成千上万的蝴蝶驻足、光顾。台北汐止设有"蝴蝶公路"，宽约10米，全长约9千米，因沿途生态保持完好，

据悉这一带蝴蝶品种多达上百种，只要行经这里的车辆放慢速度，就可随时观赏各种蝴蝶翩翩飞舞的优美情景。

在墨西哥有的地方，还可以找到以昆虫建立的庙宇和石雕遗迹。据说在塔斯科州的一个山上，建有一个专门纪念椿象的毛石庙宇，并在"鬼节"（11月1～2日）过后第一个星期一，在这里举行宗教庆典，因为椿象自古以来一直是墨西哥人重要的昆虫食品之一。

在美国阿拉巴马州的咖啡县，有一座棉铃象甲纪念碑。据介绍，祖祖辈辈主要以产棉为生的该县，因棉铃象甲危害惨重迫使棉农改种其他作物和注重畜牧业生产，结果大获丰收，可谓因祸得福。因此，特设立此碑表达对棉铃象甲的感谢与纪念。此外，昆虫标本馆和昆虫纪念馆在世界各地也或多或少均有建造。

昆虫字词

　　经初步统计，含有虫字部的汉字有213个。以虫字部为姓氏的有26个，如蝉、蚕、蝈、蚁、蛾、蛰等。与昆虫有关的成语也有不少，典型的如"螳臂挡车"，螳臂是

指螳螂特化为形如折刀的捕捉式前足，小虫之"臂"岂能挡车，故比喻不自量力。"金蝉脱壳"，是从蝉在即将结束若虫期进入成虫时，最后一次蜕下表皮（即虫壳）变为成虫而引发的，常比喻巧施伎俩逃离出来，使人难以及时察觉。"蚍蜉撼树"，蚍蜉指大蚂蚁，喻意为大蚂蚁摇撼大树，显然自不量力，非常可笑。"作茧自缚"也是言简意明的，昆虫作茧原为保护自己，利于生存。但是，人门则常用此成语比喻有人做事原本想对己有利，而结果却弄巧成拙、适得其反，将自己困于其中，只好自作自受。

与昆虫有关的典故

飞蛾扑火

此典故出自《心地观经·离世间品第六》："过去有佛，欲令众生厌舍五欲，而说偈言：譬如飞蛾见火光，以爱火故而竞入，不知焰炷烧然（燃）力，委命火中甘自焚；世间凡夫亦如是，贪爱好色而追求，不知色欲染着人，还被火烧来众苦……"

这段话的意思是说，过去有佛（觉悟到宇宙真理的人），想让众生不要贪恋于五欲的执着（即享乐主义），便说了个偈子，其中劝化众生不要过分沉迷于色欲的那部分大意是说，飞蛾见到了火光，由

佛教是反应因果相报的宗教，也是世界上信众最多的宗教，自盛唐以后，佛教在中国也进入了繁盛时期，知恩图报等朴素的思想不但得到普遍的认知，也成为人际之间以及职业环境中的基本准则之一。

佛教典故中，有"狮虫反噬狮肉"的记录，说是一个狮子的世界里，狮子的皮屑、残血为狮子虫提供了良好的生存环境，而因为狮子虫的存在，狮子也因此一身清爽，按现在的话来说，两者实现了双赢、共融。

后来狮子虫觉得自己作用甚巨，就开始吃狮子的肉，狮子难以忍受，一气之下，将狮子虫全部毁灭或者驱赶了，狮子之后依靠摩擦树干来止痒，活动了身体因此更为敏捷，但狮子虫由于离开了生存的

于非常喜爱火的原因而竞相飞向火内，却不知道火会伤害自己，从而自取灭亡；世间贪图色欲的人也是这样，他们不知道色欲会污染和伤害人的身心，从而被欲火烧伤，引来众多苦恼。

现在，这个成语通常用来比喻自寻死路、自取灭亡。明明知道没有什么好的下场，却还是不顾一切的错下去。有时这个成语也用来比喻一种精神，即明知会死也要勇往直前。

环境，最后就灭绝了，新的狮子虫诞生了，由于有了经验，新的平衡开始了、因此更舒服了，这就是善恶的因果相报。

后来，佛教经典以"狮虫反噬狮肉"来比喻不肖的佛教徒反过来诬害佛法的恶行，后世的人则又引申成为潜入组织破坏内部的恩将仇报者。拿企业来说，公司本身就是狮子、员工就是狮子虫，狮子是舞台、狮子虫是演员，两者之间形成的应该是双赢、平衡的关系。

⊕ "螳螂捕蝉，黄雀在后"

《庄子·山木》："睹一蝉，方得美荫而忘其身，螳螂执翳而搏之，见得而忘其形；异鹊从而利之，见利而忘其真。"汉·韩婴《韩诗外传》："螳螂方欲食蝉，而不知黄雀在后，举其颈欲啄而食之也。"

在《说苑·正谏》也有此：吴王欲伐荆，告其左右曰："敢有谏者死！"舍人有少孺子者欲谏不敢。则怀丸操弹，游于后园，露沾其衣，如是者三旦。吴王曰"子来，何苦沾衣如此？"对曰："园中有树，其上有蝉。蝉高居悲鸣饮露，不知螳螂在其后也；螳螂委身曲附欲取蝉，而不知黄雀在其旁也；黄雀延颈欲啄螳螂，而不知弹丸在其下也。此三者皆务欲得前利而不顾其后之有患也。"吴王曰："善哉！"乃罢其兵。

"螳螂捕蝉，黄雀在后"告诉我们不要只顾眼前利益而不考虑后果。讽刺了那些只顾眼前利益，不顾身后祸患的人。

与昆虫有关的传说

黑蚱蝉的传说

据传说，在远古的时代，有一家三口人，其中，老两口和一个女儿，女儿从外表看长得非常漂亮，并且针线活儿也做得非常好，人也

非常善良，好多人来提亲，但是老两口就是不松口，就是不答应。直到有一天有个要饭的小伙子，长得又黑又瘦，来了。老两口就悄悄地跟他说，你愿意不愿意做我们的女婿？那个小伙子当然说愿意了，但是，老两口告诉他个秘密，就说这个女孩长了个尾巴，自然界是有这种现象的。结果，小伙子说行，有尾巴也不要紧，但是老两口告诉

他，你不能告诉任何人，如果你告诉任何人，那么我们的女儿可能就会死去。刚开始的时候小伙子还挺好，过了一段时间，小伙子有一次喝醉了，人们就说他，你长得这么丑，又穷，为什么娶个貌若天仙的女子，是不是有问题？他就告诉大家说，我媳妇长了个尾巴，结果很快消息就在周围传开了。他的媳妇知道后就投河自尽了。投河自尽以后，姑娘变成了凤尾鱼。小伙子一看媳妇死了，非常难受，他也投河自尽，结果变成了黑蚱蝉，整天叫着妻啊妻啊，这个蝉就会发音了，妻、妻、妻。

萤火虫发光的传说

萤火虫最让人感兴趣的地方是它们能发出黄绿色的光亮。现在人们已清楚地知道萤火虫的光是一连串的生化反应后所释放的能量。但古时人们对其发光机制并不了解，于是出现了各种各样的猜测。在云南省澜沧拉祜自治县一带至今还流传着这样一个传说：萤火虫在远古时代并不会发光，当时它们和豹子、老虎等动物一起生活在深山中，都爱吃生肉。有一次，山上失火，许多动物被烧死，豹子和萤火虫幸存了下来，它们找到散发着奇香的动物的死尸，狼吞虎咽地吃起来，豹子吃大动物，萤火虫吃小动物，今天吃死狼，明天吃死鸟，好不快活。它们只顾吃，但不知道保护火种，很快山上被烧死的动物的肉就被它们吃得一干二净。

吃过烧熟的肉后，豹子和萤火虫便不想再吃生肉了，几天下来，食量惊人的豹子馋得团团转。当时正值盛夏，太阳就像火一样蒸烤着大地，豹子无意之中抬头看到太阳，不禁大笑道："有了！上天取火，有了火，不愁吃不到熟肉。"凶猛的豹子对萤火虫说："你赶快上天给我把火取下来，要是两天内取不来，我就把你吃掉。"

萤火虫害怕豹子的淫威，不敢不从，飞了整整一天一夜才到了天上，可太阳周围有很多天兵在站岗，萤火虫只好伺机而动，经过9天的等待，终于乘卫兵换岗之际取得了火种，萤火虫连夜返回地面。豹子见萤火虫回来，便心升毒计，这个贪婪的家伙想：要是将萤火虫杀死，只有自己知道用火，那自己就可以永远吃到熟肉了。

所以豹子不等萤火虫解释便大发雷霆："你这个小畜生竟敢违抗老子的命令，在外面偷懒，真是罪该万死！"说着就张开血盆大口扑向萤火虫；萤火虫看出了豹子的险恶用心，便腾空飞躲，慌忙中把火种吞到了肚子里，从此萤火虫就能发光了。

◈ 细腰蜂的传说

苗族也有一个传说，据说远古时代有一个酋长，酋长有一个女儿，长得是闭月羞花，沉鱼落雁，并且歌唱得也非常好。老百姓都非常喜欢她，到了18岁的时候，她和一个贫穷的小伙子恋爱了。但是酋长嫌他们门不当户不对，就不答应这门亲事，派人偷偷地把他们俩给杀死了。一个老奶奶哭着说，她说如果是把婉妮喳，这个女孩叫婉妮喳，葬在月亮上，我们每天就能看到她的身影，听到她的歌唱。这些话被当时的胡蜂或者是蜜蜂之类的动物听到了，它们也爱婉妮喳，也

喜欢婉妮喳，于是它们就托着婉妮喳的尸体奔向了月亮。开始的时候这些蜂腰比较粗，大家就用绳子拴着腰，所以越飞越高，越飞越远，越飞时间越长，久而久之，它们的腰就变细了，这是一种传说。但是实际上，在生物界，它是另一回事，因为这种蜂它是捕食性的，它有很多种，这是其中的一种。它的幼虫是吃这些鳞翅目幼虫的，它在逮虫子的时候，会先把虫子蜇成麻痹状态，但是虫子的神经节是在腹面，如果是它的腰粗，蜇起来容易吗？是不容易的，所以它在长期的生物进化过程中，腰自然就变得越来越细了。

与昆虫有关的故事

蚂蚁大力士

　　蚂蚁国的达里，是个有名的大力士。别的蚂蚁拼着命，咬着牙，也只能拖动比自己身体重500倍的东西，可他能独自拖动比身体重600倍的东西。一次，他居然从树丛里抱着一只死蜻蜓，走了800里。别惊讶，这是按蚂蚁国的里程计算的。当他把蜻蜓拖到蚂蚁国洞口时，蚂蚁国国王都惊讶了，不住地夸他能干，力气大。

　　还有一次，那可真是惊险。在蚂蚁国里有一个很大的仓

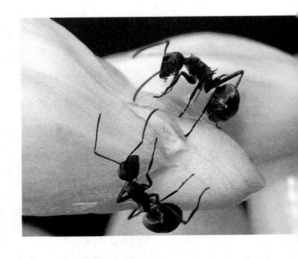

库，里面装有各类食品，食品码放得比蚂蚁们高出十几倍。那天，蚂蚁们齐心协力把一块巧克力拖进仓库，想把它码上垛去。不知哪位蚂蚁不小心把垛碰倒了，垛顶的一个大米包顺势落下来，真不得了，足有几千斤重的物体（当然是蚂蚁国的重量）落下来，还不把蚂蚁们砸个折胳膊断腿的。在这千钧一发的

时刻，小蚂蚁达里一步向前，用坚实的身躯，顶住米包，他高喊着："快闪开！"直到蚂蚁们逃离险区，才放下米包，尽管他累得浑身是汗，但丝毫没有伤着筋骨。蚂蚁们纷纷围上来，赞扬他的献身精神。达里不住地说："为了大家，没什么！"

不知哪位蚂蚁别出心裁，向蚂蚁国王建议，要像人类那样，举行全国性举重比赛，蚂蚁国王欣然同意，这第一次全国比赛当然场面宏大，热闹非凡，达里也真是不负众望，取得了全国轻重量级的举重冠军，获得蚂蚁国大力士称号。当他拿到金光闪闪的奖牌时，心里异常激动。心想，以前我拖过蜻蜓，顶过下落的米包，卖了那么大的力气，谁给过我奖励？只是唾沫粘麻雀，用嘴夸两句而已。看来我应该注意节省力气，留着重大比赛时用，平时把力气用完，比赛时就没有了，那不吃了大亏。

达里自认为找到了做蚂蚁的真理，从此，再也不像以前那样卖力气地干活了。开始时，时时处处找轻松活干，该他使力气的时候，不是装病，就是装装样子，不肯多花一点儿力气。他想，我才不当傻

瓜，听那没用的夸奖呢，那金光闪闪的奖牌、厚厚的奖金，才是最实惠的呢。

当全国第二次举重比赛开始的时候，蚂蚁达里自然信心十足，抱着重拿冠军、再获奖牌的愿望走上比赛场。可是万万没想到，他连去年纪录的一半也没达到，而平时不起眼的、默默劳动的黑黑却得了冠军。蚂蚁国轰动了，蚂蚁们高高举起星星向他祝贺，当蚁王向星星发授奖牌的时候，达里溜到一个角落里，哇哇大哭起来。

直到很久很久以后，蚂蚁达里才明白：投机取巧，处处偷懒，身上的力气会消失的，所以才失去了当大力士的资格。于是，达里决心重新开始，把大力士的称号夺回来。

瓢虫吃介壳虫的故事

在19世纪的中后期，美国加州的柑桔树上，长满了吹绵介壳虫，几乎毁灭了全部桔园，用药去杀也无法解决问

题。后来他们想到：澳洲的吹绵介壳虫为什么就不能造成灾害？

1886年，他们通过实地考察揭示了其中的奥秘，因为澳洲有一种专门吃这种介壳虫的瓢虫。

美国人如获至宝，立即将139头瓢虫寄回美国，第二年就繁殖到

11000只，把它们分别放入208个果园中，年底即得到了惊人的成绩，介壳虫被瓢虫消灭而不再为害，之后瓢虫即在当地安家落户，连续繁殖，建立了永久的群落，直到现在仍对吃绵介壳虫起着有效的控制作用。法兰西、埃及及我国等纷纷效仿，都从美国引进这种瓢虫，也都收到同样的效果。这种瓢虫因为原产澳洲，人们就叫它为澳洲瓢虫。

澳洲瓢虫为什么能消灭吹绵介壳虫呢？这与它的生殖和捕食介

壳虫的能力有关。原来这种瓢虫一年能繁殖八、九代，每头雌虫产卵54～800粒，平均约280粒。卵产在介壳虫的卵袋上或虫体下，幼虫每日最高能吃介壳虫46头，平均整个幼虫期能食一、二龄介壳虫126头。成虫一日最高能食二龄介壳虫43头。整个成虫期可食介壳虫卵和成虫213头，用这个速度来吃介壳虫，后者还能不被吃光吗？

第四章

四

昆虫之窗

人类并不是一个孤立的存在，地球上的所有生命，包括昆虫在内，都在同一个紧密联系的系统之中。昆虫，这些飞行于天地之间，自古以来就与我们生活在一起生活在这个地球上，但我们却很少关注过它们。因为：它们的生命是那么弱小，那么卑微，那么微不足道。其实，每种生物都有自己的精彩，甚至远远超过了我们人类。

　　昆虫们和我们一样，也在不断地说着话，唱着歌，跳着舞。在属于他们的乐园里。在城市或田野中行走时，一座被遗忘的花坛，或是一段尚未整修的河堤……也许都有它们的身影。或许连草根底下也会成为它们的乐园。

　　法国杰出昆虫学家法布尔的传世佳作《昆虫记》，不仅是一部文学巨著，也是一部科学百科。它熔作者毕生研究成果和人生感悟于一炉，以人性观照虫性，将昆虫世界化作供人类获得知识、趣味、美感和思想的美文，让世界读者首次领略昆虫们的精彩世界。

世界的地名与昆虫

世界上大大小小的地名多如牛毛，而地名的产生、命名及变更也各有其丰富的内容和深刻的涵义。很多地名都来源于当地独具的自然风貌、经济特征、传统的民族文化或宗教信仰，还有美妙的神话传说等等。当然，其中也不乏以珍奇的禽兽和花草来命名的，更有趣的是有些地名与昆虫结下了不解之缘。

"蝴蝶国"

每当谈到蝴蝶，人们无不为它那绚丽多彩的形象和优雅飘逸的舞姿而赞叹。可以说，蝴蝶是美丽的象征，为我们的生活增添了乐趣。

巴拿马是中美洲东南部的一个国家，著名的巴拿马运河就贯穿于该国境内中部的加通湖。据说很早以前，加通湖畔到处都是翩翩起

昆虫的"奇异功能"还能发挥相当重要的作用。大家知道，夏日的夜晚，闪闪发光的萤火虫流星般地飞来飞去，仿佛要与繁星争辉。古往今来，那神奇的萤光早已有很多的妙用了。

我国南海彼岸的马来西亚是个风光秀丽的国家，位于加里曼丹岛东北部沙巴地区的首府哥打基纳巴卢是该国的重要城市和港口之一，以前曾叫杰塞尔顿（英国殖民者的姓氏），也称亚庇，来源于马来西亚语（萤火虫）。原来在沙巴地区热带红树林中，当夜幕降临时，成群的萤火虫结伴飞舞。放眼望去，如同群星闪烁。后来这光亮迷人的

舞的蝴蝶，又因其形态美丽，色泽鲜艳，远远看去，飞舞的蝶群恰似一片花的海洋——蝶海！所以巴拿马有"蝴蝶国"的美称。在印第安方言里，"巴拿马"意即蝴蝶。另外，在印第安方言里"巴拿马"也有鱼群的意思（因当时该地盛产鱼类）；还有说法称巴拿马是一种大树。虽然众说纷纭，但不管怎样，巴拿马这个地名确实与昆虫有点缘分。

"萤火虫市"

昆虫不仅以千姿百态的外貌给人以美的享受，而且还有各种独特的生活习性。更可贵的是，有的

景色便成了该地的夜景之一，路经附近海面船上的海员们常将其作为导航灯标。小小萤火虫竟因此成为当地的地名，人们就将该城称为亚庇，1967年12月才改为现名哥打基纳巴卢，因该城东部的基纳巴卢山而得名。

⊕ "蚊虫海岸"

在种类繁多的昆虫中，有些是有害的，给人类带来灾难和不幸。号称"吸血魔王"且能传染疟疾的蚊子，就是人们深恶痛绝的死敌。

尼加拉瓜是中美洲地区中部的一个国家，境内东部沿海地区为低湿平原。因地处热带，气温高，

雨量充沛，植被丰富、杂草丛生，给蚊虫繁殖生存创造了优越条件，致使该地区蚊虫十分猖獗。所以整个东海岸地区就称为马斯奎托斯海岸，在英语中mosquito即为蚊虫，故意译为蚊虫海岸。

⊕ "蝴蝶泉"

云南大理的"蝴蝶泉"是我国著名的旅游景点之一。蝴蝶泉边有一棵歪斜的古树，树下是碧绿的泉水。每年春末夏初，五彩

上，似飞舞的彩带，因而有了"蝴蝶泉"的美名。

⊕ 千蝶谷

台北的"千蝶谷"是养殖蝴蝶最成功的地方，在这里种植有四、五万株蜜源植物，常可以吸引40多种、成千上万只蝴蝶千来访花吸蜜。"蝴蝶舞啊，蝴蝶狂，常与百花争芬芳"是这里的真实写照。

缤纷的蝴蝶飞满古树枝头，其中以粉蝶、蛱蝶和凤蝶为多。它们相互追逐，飘落成行垂挂于树枝

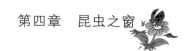

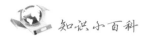知识小百科

昆虫之最

最长的昆虫——新加坡竹节虫是世界上最长的昆虫，其细长的身体长达27厘米，倘若在安静的状态下充分舒展身体的话，身长可超过40厘米。竹节虫所具有的保护形和保护色，使它在灌林丛中栖息时可以以假乱真。

最小的昆虫——并列最小昆虫冠军的是膜翅目的一种寄生蜂和缨甲科的一种甲虫，体长都仅有0.02厘米，而该寄生蜂的翅展只有0.1厘米，比某些单细胞原生动物还要小。

最轻的昆虫——并列最轻昆虫第一的是一种雄性的吸血虱和一种寄生蜂，个体都只有0.005毫克重，每盎司（约合28.35克）中大约有570万头虫体之多。该寄生蜂的卵每个重量仅有0.0002毫克，每盎司大约含一亿五千万个卵。

分布最广的昆虫——弹尾目的弹尾虫，据计算每23厘米深的土壤中有这种跳虫二亿三千万个，合每929平方厘米中至少有5000个。

世界上最美丽的昆虫——兰花螳螂是世界上进化得最完美的生物，在很多不同种类的兰花会生长着各自的兰花螳螂，它们有最完美的伪装，而且能随着花色的深浅调整自己身体的颜色，让人赞叹不已。

最重的昆虫——非洲赤道地区金龟子科的一种甲虫，成年雄性个体的重量可达99.33克。

人类的天然歌手

无论是在深深的幽谷，还是在花木柳映的河边，无论是在瓜棚连着豆架的茅舍，还是在窗明几净的校园，处处可闻虫鸣。蝉的歌声嘹亮，蟋蟀叫声悠扬，螽斯嗓音清脆，蝗虫声音深沉，蜜蜂飞响热烈，使人感到欢欣！

温煦的春、炎热的夏、凉爽的秋，不知疲倦的昆虫歌手们总是

在廉价地演奏。甚至在那寂静的寒冬，在室内，尤其是在厨房里也会偶尔欣赏到灶蟋动听的歌声。其实很多昆虫都能歌唱。据不完全统计，发音昆虫有16目之多。我国吴福帧、蒋锦昌、何忠、印象初等都曾作过比较详细的研究。高大林曾经灌有一盘名为《昆虫》的音乐磁带，听其作品，自然地便把人融入到法国著名文学家罗曼·曼兰笔下"克利斯朵夫躺在万物滋长的草地

了。有的似马嘶，有的像鸟鸣，有的如风吹，有的又像……。北京农业大学杨集昆教授那里有一盒飞虱发音的磁带，若把它们用声音分析摄像仪转变成波形图，则可以进行昆虫分类。

昆虫不仅自身产生音乐，而且也使无数艺术家得到创作灵感。关于昆虫的词牌名有蝶恋花，曲牌名则有扑灯蛾、粉蝶儿等。关于昆虫的曲有：

（1）笛曲《花香蜂舞》，又名《一架蜂》《一江风》，原传于山东荷泽地区，旋律优美，节奏富于跳动，再现了蜜蜂采花飞舞的神态，此曲灌有唱片。

上，……闭着眼睛，听那个看不见的乐队合奏"的情景："一道阳光底下，一群飞虫绕着清香的柏树发狂似地打转，嗡嗡的苍蝇奏着军乐，黄蜂的声音像大风琴，大队的野蜜蜂好比在树林上飘过的钟声。"昆虫的歌，如果加以放大，那就更有意思

（2）唢呐曲《蜜蜂过江》，流行于云南大理白族自治州，旋律中较多地运用了四度、九度以至十二度的音程大跳，加上锣鼓伴奏，显得格外热烈欢快，当然也被录成了唱片。

（3）琴曲《神化引》，又名《蝴蝶游》，意与《庄周梦蝶》相同，常作为其引序。戏曲越剧"梁山伯与祝英台（又名《双蝴蝶》）"的结尾以男女主人公化为一对蝴蝶作为忠贞爱情的象征。由梁山泊与祝英台的爱情悲剧故事写成的一曲《梁祝》，感动了全世界不知多少人。其中"化蝶"一段的旋律更是优美动听，感人肺腑。《梁祝》已成为我国人民宝贵的精神财富。

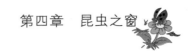

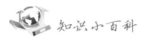知识小百科

昆虫的俗称

（1）吊死鬼。吊死鬼学名槐蚕。过去北京四合院宅门前大多一边种一棵槐树。夏天开白花香透一条胡同，但是爱长虫子，就是吊死鬼。他用一根长丝吊在半空中，大人讨厌他，往往经过树荫下觉得脖子一凉，用手一摸软软的是一条虫子，吓一跳。小孩喜欢它，托在手上凉凉的，他会一屈一伸一拱一拱地向前爬行。

（2）臭大姐。臭大姐学名叫椿象。她会飞，大约指甲盖大小，浑身黑灰，只翅膀下有点粉红色，不知为何称其为大姐，其实它一点也不好看，而且有无比的臭味，粘到手上半天也洗不掉。因为它的这招防身本领，可以使对其不怀好意的东西退避三舍。

（3）洋拉子。刺蛾，北京的枣树很多，枣虽好吃，洋拉子却很可怕。他有伪装术，浅绿色的和半个青枣差不多，软软的又像马鳖，浑身有细绒毛，一旦粘到手上身上，又红又肿奇痒无比，须用一块面团，最好是嚼过的口香糖，把看不见的细毛毛粘出来才好些。

昆虫与人类生活

中国的饮虫习俗

在我国古典书籍中，记载着不少有关昆虫食品的内容。汉初的《尔雅》中有人们吃土蜂或木蜂（幼虫或蛹）的早期记录。《礼记》中有秦汉以前帝王贵族宴会用蝉和蜂作佳肴的记载。公元877年刘恂著的《岭表录异》记载：交广溪洞间的酋长，向群众征收蚁卵，用盐腌制成酱，叫蚁子酱，用以招待官客和亲友。明代李时珍的《本草纲目》一书，共记载了食用和药用昆虫76种。徐光启所著的《农政全书》中"唐贞观元年夏蝗。民蒸蝗爆，去翅而食"。《吴书》中"袁术在寿春，百姓饥饿，以桑棍、蝗虫为干饭"记载了将蝗虫充作粮食。

以昆虫作为食品、菜肴，在我国已有悠久的历史，有些还被

虫与蛹、甘薯天蛾、芝麻木天蛾、葡萄天蛾、桃天蛾、沙枣尺蠖、松毛虫、蓑蛾、刺蛾、樟蚕、茶蚕、家蚕、柞蚕、红铃虫、玉米螟，竹螟、蝗虫、龙虱、蝉、马蜂蜜蜂等都是营养丰富的食品，被各地群众广泛食用。

云南基诺人喜食蚂蚁和屎壳螂。湖南湘西一带喜欢吃炒、烤蜂巢。广东、广西多池塘等淡水水域，龙虱、田鳖等水生昆虫丰富易采，当地人们将龙虱、田鳖加工制

列为御膳食品。自古以来我国各地各族人民就有以不同种类昆虫作为食品的风俗习惯。我国各地作为食品的昆虫约有上百种，如豆天蛾幼

进烧饭的灶膛，利用熄火后的余灰炙烤片刻后扒出，外焦里嫩，香酥味美。江西有些地区，也有吃烤蝉、油炸茶象甲幼虫和生食油笋子蜂的风俗习惯。

成珍贵食品，并认为龙虱味道像火腿，田鳖味道似熟梨和香蕉。江苏、浙江一带是我国饲养桑蚕最发达的地区，蚕蛹极为丰富。当地人们除留下少量做种外，大量蚕蛹经蒸熟、腌制和爆炒，或制成蚕蛹酱食用。天津、北京两地，人们有喜吃油炸蝗虫的习惯；名曰"油炸蚂蚱"（注：当地称蝗虫为蚂蚱）。古代经常受蝗虫危害的蝗区人民，结合治蝗将捕到的蝗虫做为食品，经腌制、晒干或油炸后在集市上卖，名为"蝗米""旱虾"。农村儿童捉来蝗虫后，将其埋

用昆虫粪便泡"茶"给客人喝，不知道你是否听说过？这是四川、贵州一带的习俗。湖南通道、城步等地也喜喝虫茶。他们采收为害茶树的害虫粪便，经晒于或烘干后保存，取名"虫茶"。这些害虫取食的就是茶树叶，只是经过它们

的。将蝇蛆洗净晒干磨粉，添加辅料，混合面粉制成贡糕，名曰"八珍糕"。或以肉类养蛆，使蛆体肥大，洗净后加调料油炒食用，俗称"炒肉芽"。福建武夷山地区的人们，油炸蜂蛹，上撒椒盐，用来款待稀客。

的消化系统，吸收了它们所需要的某些营养成分，排出的粪便仍然保留着茶叶的某些成分。据说这种"虫茶"是招待客人的珍贵饮料，并销往香港。还有以洗净消毒后的蝇蛆或人工培养的蝇蛆作为食物

当今，昆虫食品系列陆续问世，炸蚕蛹畅销于北方副食品市场。"油炸金蝉罐头"厂已在山东建成。"山蚁壮骨液""蚂蚁酒""蚕蛾酒""三叶昆虫茶""蚂蚁""白蚁"等产品陆续出现在食品市场。昆虫食品及食虫活动已不知不觉地渗透到人类食品文化和生活之中。

⊕ 虫 宴

昆虫菜，最大的特色就是鲜香。"炸知了""野蜂仁""油炸蚂蚱""蝎子爬雪山""涮蝎子"各有各的味道。蝎子氽汤，是最受大众欢迎的一道菜，味道别提有多鲜。据说，不同的昆虫菜具有不同的风味，比如蟋蟀有生菜味、黄蜂卵有杏仁味、蚂蚁有核桃味、蝇蛆有蛋糕上的奶油味、蚕蛹有肥肉香味、蝈蝈儿有瘦肉鲜味等等。法国食客特别钟爱蝈蝈儿，说蝈蝈儿味美胜过鱼子酱。

云南傣乡的昆虫宴，遐迩闻名，一派虫香。"知了背肉馅""油煎竹虫""油炸蚂蚱""酱拌蟋蟀""酸拌蚂蚁卵""凉拌土蜂子""甜轻木虫""清水蚕蛹汤"，都是原汁

原味的昆虫风味菜。"知了背肉馅"，制作工艺独特，先将蝉脚、翅除弃，用小刀划开背，再把拌好的肉馅调料填进，合起刀口，经油煎黄，外脆里嫩的"知了背肉馅"即成，深具傣菜特色。竹虫，是一种长5厘米、宽3厘米呈棕黑色的象甲科幼虫，经香油煎后又香又脆。"酱拌蟋蟀"，去翅和内脏，刀剁成肉酱，拌青葱、姜末、胡椒等，即可食用。而一盘数量有限的酸拌蚂蚁卵，喷香又有祛风、除湿

之效，往往成为昆虫宴的"点睛之笔"。香嫩可口、酸适爽心的"凉拌土蜂子"，则将幼蜂用开水煮得半熟，然后在备好的腌菜酸佐料中腌成的。"清水蚕蛹汤"，据说是最富营养的补品汤，多喝有养颜、排毒、健肾之效。

　　广东粤菜的昆虫菜，更具风情。爽脆清淡的"白焯地龙"，焦嫩鲜香的"油炸桂花蝉""香炸蕉蛆""蕉树甲虫"，甘美咸辣的"椒盐龙虱""椒盐蛐蛐儿""椒

盐竹蛆"竹树虫蛹，吃起来幽香隐隐，美味淡淡，神秘感与新鲜感俱来。进入粤菜食谱的昆虫五花八门，有蚂蚁、白蚁、蝎子、蚕蛹、蟋蟀等等，鲜、甜、辣、酥、嫩俱全。

深圳人也爱吃昆虫。深圳一家酒店推出的"昆虫宴"菜谱，新鲜、诱人。当家菜"椒盐龙虱"就

很有特色，龙虱（又名桂花蝉）肉相当好吃，油炸后再拌椒盐，入口细嚼，滋味奇香，还有股桂花味儿，咽后齿颊留余香。"香煎竹笋蛹"，也不一般，竹笋蛹是竹林中专蛀嫩竹的一种昆虫，扁胖，拇指大小，经油煎奇香无比。"姜丝炒王蜂蛹"，是把白胖的王蜂蛹放进油锅里炸酥，后加姜丝爆炒，味道如乳如膏。据说，此物有滋补、养颜之功效。"蚂蚁蛹煎蛋"，深具营养，延年益寿。"王蜂煲粥"，不仅美味可口，还具有清热解毒、壮阳补肾的功效。

除了广东的昆虫宴，山东的"炸金龟""蝉蛹"和汉满席上的"油炸山虾""东亚钳蝎"等特色昆虫菜也很叫座。如今，北方人也壮胆品尝这些"昆虫菜"了，不为滋补身体，只为尝个新鲜。在天津有家"潮州"餐馆，以昆虫菜闻名，北方人只是偶尔一尝；南方客一来，必点昆虫菜，他们说能在北方吃到家乡菜感觉亲切、开心。

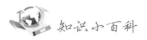

食用昆虫

蝗　虫：食用其成虫或幼虫，各种蝗虫包括蚱蜢均能食用。用带树叶的枝条扑打，或用塑料薄膜平铺在地上将蝗虫驱赶到薄膜上，因薄膜光滑蝗虫无法逃跑易于捕捉。

蝼　蛄：食用其成虫，徒手捕捉，或在夜间用灯光引诱。

蟋　蟀：食用成虫，徒手捕捉或用树枝扑打。

螽　斯：又叫蝈蝈，捕捉方法与蟋蟀相似。

家　蚕、柞蚕：主要食用蛹，系家养昆虫，野生的不易遇见。

蛾　类：包括天蛾、刺蛾、夜蛾、螟蛾各种蛾类，由于其幼虫体表多长毛，外貌丑陋，一般多选择吃蛹。

蝶　类：各种蝶蛹均能食用，幼虫子较蛾类幼虫而言，大多数种类不长毛，也可食用。

白　蚁：食用成虫和卵，寻找蚁穴掘取。白蚁分为生活在树木中和土壤里两大类型，树栖的白蚁体色纯白，食用没有异味。而地栖白蚁多为棕褐色，食用时有一点怪味。

蚂　蚁：食用成虫、幼虫、蛹、卵，寻找蚁穴掘取，或用食物诱捕。食用蚂蚁要特别注意蚂蚁中臭蚁科的种类有毒，不可食用。臭蚁个体小，尾部上翘，有异味，易与其它蚂蚁区别。

蝉：食用成虫，用树枝扑打或用胶杆粘。在南方一些山野的河滩边

有时可见到饮水后死亡的蝉大量聚集在一起，可以收集。

蜻　蜓：成虫、幼虫均可食用，成虫用树枝扑打或胶粘，也可用网捕。幼虫用网具在水中捕捞。

负子蝽：食用成虫，用网具在水中捕捞。

石　蚕：食用幼虫，幼虫生活于溪流中，用丝将几块石头粘在一起构成栖身之处，徒手在水中捞取石蚕的石窝，捉取幼虫。

天　牛：食用幼虫，幼虫生活在木材里，蛀木为生，选择多虫眼的枯树枝将其划开，寻找幼虫。

螳　螂：食用成虫、幼虫，用手直接捕捉成虫或幼虫，螳螂卵也可食用。

龙　虱：成虫、幼虫均可食用，用网具在池塘、河流里捞取。

蜂　类：包括胡蜂、黄蜂、蜜蜂，食用成虫、幼虫和蛹。找到蜂巢后用火烧死成虫后，才可收集幼虫和蛹。收集蜂类即使用火烧也有被蜇伤的危险，要选在夜间进行，多准备几支火力猛然的火把，同时将自己的头、手用厚衣服或其他物品保护起来。

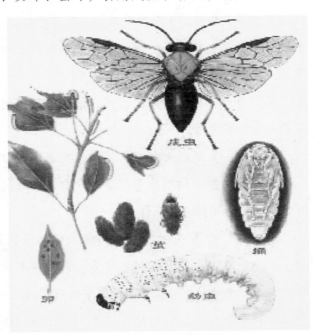

⊕ 蚂蚁的药用作用

蚂蚁被誉为"微型动物营养宝库"和"天然药物加工厂"，蚂蚁粉中粗蛋白含量高达51.23%，高于鸡、鱼、牛肉，含有20多种游离氨基酸，其中包含除色氨酸外的7种必需氨基酸，至于色氨酸，由于在酸水解环境下色氨酸全部被破坏，因此不能肯定不含有色氨酸。

在人体必须微量元素中，以锰、锡、铁、碘、铜、锌最为重要，而这些元素在蚂蚁中的含量非常丰富，尤以锌为最多，达到110毫克/千克，远高于其他动物。

蚂蚁体内还含有多种维生素、三萜类化合物，如香茅萜、柠檬萜等。

蚂蚁也是著名的药用昆虫，蚂蚁及其制剂有多方面的药理作用。首先其具有双向免疫调节作用，对免疫功能过强，有抑制作用；对免疫功能不足，有促进作用。此外还能缓解急、慢性实验性炎症。有明显的镇痛和催眠作用。特别是补肾

异，但并非所有的蚂蚁都适合食用或药用。目前中国的食药用蚂蚁主要有3属：多刺蚁属、蚁属和弓背蚁属。据报道，目前已知12种安全的食用或药用蚂蚁包括鼎突多刺蚁（拟黑多刺蚁）、双突多刺蚁（双齿多刺蚁）、赤胸多刺蚁、血红林蚁、红褐林蚁、日本弓背蚁、北方蚁、路舍蚁、日本褐林蚁、北京凹头蚁、乌拉尔蚁、石狩红蚁。其中，路舍蚁（铺道蚁）是否安全还有待于进一步确认，

壮阳效果显著，有雄激素样作用，可促进性器官发育。还能增强胰岛内β细胞的功能,降低血糖。蚂蚁体内合成大量ＡＴＰ，能抗疲劳，增强体力。具有显著清除自由基的效果，能延缓衰老，延长机体寿命。蚂蚁是保健食品的优良原料，将其用于临床治疗具有较大开发前景。

蚂蚁成分因种类不同而有所差也可能路舍蚁属切叶蚁亚科铺道蚁属，其副作用可能较大。而双齿多刺蚁和鼎突多刺蚁被很多学者认为是同名物种。

冬虫夏草

　　冬虫夏草，又名中华虫草，又称为夏草冬虫，简称虫草，是中国传统的名贵中药材。它是由肉座菌目麦角菌科虫草属的冬虫夏草菌寄生于高山草甸土中的蝙蝠蛾幼虫，使幼虫僵化，在适宜条件下，夏季由僵虫头端抽生出长棒状的子座而形成（即冬虫夏草菌的子实体与僵虫菌核（幼虫尸体）构成的复合体）。主要产于中国青海、西藏、四川、云南、甘肃、贵州等省及自治区的高寒地带和雪山草原。

　　真正的冬虫夏草均为野生，生长在海拔3000米至5000米的高山草地灌木带上面的雪线附近的草坡

上。夏季，虫子卵产于地面，经过一个月左右孵化变成幼虫后钻入潮湿松软的土层。土里的一种霉菌侵袭了幼虫，在幼虫体内生长。经过一个冬天，到第二年春天来临，霉菌菌丝开始生长，到夏天时长出地面，外观象一根小草。这样，幼虫的躯壳与霉菌菌丝共同组成了一个完整的"冬虫夏草"。菌孢把虫体做为养料，生长迅速，虫体一般为4～5厘米，菌孢一天之内即可长至虫体的长度，这时的虫草称为"头草"，质量最好；第二天菌孢长至虫体的两倍左右，称为"二草"，质量次之。　因为僵化后会长出根

昆虫使者

治疗肺气虚和肺肾两虚、肺结核等所致的咯血或痰中带血、咳嗽、气短、盗汗等，对肾虚阳痿、腰膝酸疼等亦有良好的疗效，也是老年体弱者的滋补佳品。

须，所以被称作冬虫夏草。

药理学现代研究结果中，青海冬虫夏草含有虫草酸约7%、碳水化合物28.9%、脂肪约8.4%、蛋白质约25%，脂肪中82.2%为不饱和脂肪酸。此外，尚含有维生素B_{12}、麦角脂醇、六碳糖醇、生物碱等。据医学科学分析，虫草体内含虫草酸、维生素B_{12}、脂肪、蛋白等。虫草性甘、温平、无毒，是著名的滋补强壮药，常用肉类炖食，有补虚健体之效。适用于

昆虫的养殖

蟑螂

1. 养殖方法

（1）木箱饲养法

饲养箱的规格为：长70厘米、宽50厘米、高60厘米，箱盖面板活动供操作用。在前后各造一长20厘米、宽15厘米的小窗，用铁纱网钉封，便于观察与空气流通。饲养箱

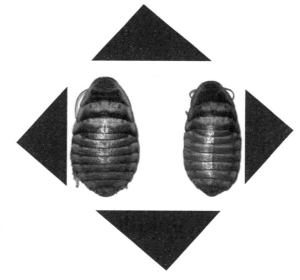

下不设底板，这样便于清洁卫生。将饲养箱安放在地面较平坦的房舍内（最好是抹水泥的地板）。箱内在离箱口10厘米处的前后侧各钉1条方木条，用以放置木框架。木框架呈"U"形，其规格按饲养箱内宽制作，框架的两边能承放于箱内前后的2条木条上即可，木框架

用纸（越厚越好）糊上，然后将木框架一个个地叠满于饲养箱内（在一头留空位投料、放水）即成为蟑螂栖息的住所。选择健壮的蟑螂作种虫，放人饲养箱内养殖，放入少量饲料，初喂以青绿多汁、营养丰富的水果皮、面包、馒头、米饭为主，供充足清洁饮水，饲料每3天投1次。饲料放在箱内木框架顶上为好，也可放在箱底地面上，而饮水只能放在箱底地面上。清洁卫生工作每3天1次。先把饲料箱轻轻移位，清扫干净后移回原位，再投料、换水。蟑螂产卵于木框架纸上

为多，经过1个多月的孵化即可孵出幼虫。

（2）瓦缸饲养法

视蟑螂饲养量多少选择适当大小的瓦缸，缸内放置旧报纸卷或牛皮纸（水泥袋纸）卷，供蟑螂栖息。缸口用木板盖实，最好是用铁纱网盖实。饮水与饲料放置在一个固定的位置上，以便于蟑螂形成条件反射，定期到固定的位置上取食。缸养的饲料投放最好用瓷盆盛装，这样残食就不会掉入缸底，从而减少清洁卫生的难度。其余饲养管理措施与木箱饲养基本相同。

（3）温室屋养

用黑色塑料布建一个大棚，两头留纱窗作通风窗。冬天可用双层塑料膜保温或升火、电热等加温。在棚内中央留一条走道。放入饲料槽和饮水槽，为防止蟑螂掉入水中淹死，可在水槽中放入海绵。棚的两边放些留有缝隙的松软材料或包装鸡蛋用的泡沫板，也可放置木养殖箱。此种方式适合大规模饲养，投资少、成本低，但不易捕捉成虫。

2．饲养管理

蟑螂的饲养管理应注意"六保、三防"，"六保"包括：

一保温：采用温室箱养方式，全年保持在28℃~33℃的温度环境。

二保水：水对蟑螂的作用比食物更重要，蟑螂在若虫期断水2天就会死亡，随时都应保证槽中有水。

三保食：为使蟑螂发育快、强壮、繁殖力强，料槽中不能断料，特别是晚上，必须让它吃饱。

四保湿：蟑螂生活的环境相对湿度要在70%以上，若太干要喷洒些水。

五保静：让蟑螂远离噪音，不要人为打扰。

六保暗：饲养蟑螂的地方光线要暗，用暗室暗箱饲养。

"三防"包括：

一防药害：蟑螂对害虫灵、敌百虫、敌敌畏、马拉硫磷等多种农药十分敏感。养蟑螂的地方均禁止

使用农药。

二防病害：防病害包括防蟑螂
自身的疾病和防蟑螂成为其他病
原体的宿主。注意蟑螂的环境饮
食卫生。

三防天敌：老鼠、蝙蝠、蚂蚁
等都吃蟑螂，在养殖过程中注意防
止天敌入侵。

⊕ 大麦虫

大麦虫属于节肢动物门、昆虫
纲、鞘翅目，拟步甲虫科昆虫。幼
虫长7厘米，虫体宽0.5厘米，单条

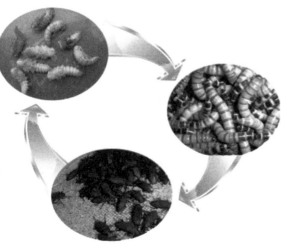

虫重1.3～1.5克，为黄粉虫或黑粉
虫的体长、体重与体宽的3~4倍。
大麦虫，俗称超级面包虫，国内刚
开始试验养殖的新型饵料昆虫。大
麦虫的幼虫含蛋白质51％，含脂
肪29％，并含有多种糖类、氨基
酸、维生素、激素、酶及矿物质
磷、铁、钾、钠、钙等，营养价值

高于其他饵料昆虫，养殖前景极为广阔。它不但可以作为高蛋白鲜活饲料，用于饲养金龙鱼、蛙、鳖、蛇和珍稀畜禽等，还可以当作高级菜肴供人们享用。大麦虫虫体大，生长周期及速度与黄粉虫相同，食性杂，适应性广，以麸皮、蔬菜、瓜果为主，饲料来源广泛，饲养成本低廉，适合我国各地居民饲养，其产量是黄粉虫的3~4倍，经济与社会效益十分显著。大麦虫养殖在国际市场上起步较早，国内发展的比较晚。自2005年引进以来，通过长时间的试验和饲养，已经全面掌握其生态习性和生长繁殖规律，解决诸如产房设置、饲料配方、温湿度调控、变蛹羽化等关键技术，科学地总结出一套最佳养殖模式，为特种水产动物和珍稀畜禽的快速发展，提供了强有力的饵料保障。

（1）饲养方法

成虫羽化后6~11天开始产卵，会有连续长达50天的时间产卵，直至死亡。先在饲养筐中底部放一个特制的筛子（筛子采用3目不锈铁丝制作，面积与筐底相等，主要的作用是快速分离成虫和卵块），在筛子上洒上成虫的食物，成虫产卵3天后，将下面的筛子提起，轻筛一下，虫卵和麦麸等就全部掉下去，筛子上面剩下的就是全是成虫，马上将筛子连同成虫放入另外一个养殖筐中，加入成虫的饲料继续给成虫产卵（成虫就是产卵在饲料中的），如此周而复始。一周后孵出幼虫，把小大麦虫倒在盛有麦麸的饲养容具中饲养。也可将成虫放在一张白纸上，撒些糠麸在纸上，任成虫产卵，每隔二三天换纸1次，成活率一般有90％以上。这种操作方法大约7~10天应给成虫换料1次，换下的料中可能有卵料，不要马上倒除，集中放好，待卵块孵化出来后采用饲料引诱的方式集中收集到另外的饲养框中饲养。每次取卵后要适当地给成虫添加青料和精料，及时清理废料或蛹皮。成虫喜欢晚间活动，所以晚上多

喂，青料可直接投放在饲养容具中，让大麦虫自由采食。夏季气温高，幼虫生长较快，蜕皮多，要多喂青料，供给充足的水分，可喂些菜叶、瓜果等。

气温高时多喂，气温低时少喂。

幼虫初期，精料少喂，蜕皮时少喂或不喂，蜕皮后随着虫体长大而增加饲喂量。也可把精料用水拌成小团，切成小块放在网筛上让其自由摄食。一天的投饵量以晚上箱内饲料吃光为限。采用早、晚投足，中午补充的办法。在幼虫饲养期投料要注意精、青料搭配，前期以精料为主，青料为辅，后期以青料为主，精料为辅。未成龄幼虫要多喂青菜，对

蛹和成虫的生长发育有利。有的老龄幼虫在化蛹期以后，食欲表现较差，可加喂鱼粉，以促进化蛹一致。幼虫因生长速度不同，出现大小不一的现象，按大小分箱饲养，一箱可养幼虫3000～4000只，老龄幼虫2000～3000只。饲养过程中要根据密度及时分箱饲养，降低饲养密度，因为密度过高就会引起大麦虫的相互残杀。当幼虫化蛹时多投青料，有利于化蛹及蛹后的羽化。每天要及时把蛹拣到另一盒里，再撒上一层精料，以不盖过蛹体为宜，避免幼虫蛟伤蛹，保持温度和气体交换。

（2）饲料配方

幼虫的饲料配方：麦麸75%、玉米粉10%、鱼粉2%；

成虫的饲料配方：麦麸50%、鱼粉4%、中猪全价饲料（或大鸭全价饲料）15%、发酵的秸秆或统糠26%、食糖4%、混合盐1%。另外添加饲用复合维生素（金赛维）50克、猪用预混料（百日出栏）80克、饲用混合盐250克。此配方适用于产卵期的成虫，可延长成虫寿命，提高产卵量。

东亚飞蝗

东亚飞蝗属昆虫纲，直翅目，蝗科昆虫。据统计，蝗总科共有223个属，859种，是蝗虫中较优良的品种之一。东亚飞蝗在自然气温条件下生长，一年为两代，第一代称为夏蝗，第二代为秋蝗，飞蝗有六条腿，分头、胸、腹三部分，胸部有两对翅，前翅为角质，后翅为膜质。体黄褐色，雄虫在交尾期呈现鲜黄色，雌蝗体长39.5~51.2毫米。雄蝗体长33.0~41.5毫米，成虫后善跳、善飞。

东亚飞蝗身体粗壮，采食范围广，适应性强，从孵化成幼蝗后，经35天的饲养过程即可为成虫，50天左右肥壮后即可销售，所以时间短、回报快。饲养成虫一万只东亚飞蝗可达40斤，按目前的市场销售价格5~15元一斤，其经济效益是可观的，并且购种只一次。自繁数十倍，卵孵蝗，蝗生卵，周而复始，多年饲养，不断卖钱，一只雌蝗一次可产卵35~90多粒。

东亚飞蝗之所以受人青睐，是由于它肉质松软、鲜嫩，营养丰

富，经专家分析测定，其蛋白质含量高达74.88%，脂肪含量5.25%，碳水化合物含量4.77%，并含18种氨基酸及多种活性物质。

1. 饲养方法

（1）棚的建造与棚地的整理

在建棚前先将地面上的蚂蚁、蝼蛄消灭干净，用捕捉、诱杀、开火烫等方法，以上几种动物是蝗虫的天敌，能捕食蝗虫和破坏蝗卵，所以在棚内绝不能让这些动物存在。棚的地面要高于周围地面10~15厘米，为了便于雨季排水。土质最好采用砂壤土，此土不易结块，便于产卵和取卵，建棚地面上种上小麦等单叶子作物，准备幼蝗食用。

棚的建造面积，要按饲养蝗虫的多少来确定，养一万只，用15平方米即可，可利用院内外空闲地方，根据自己的条件可用铁、大棍、竹片建造一个棚的支架。再按这个棚架的大小，用冷布做一个像蚊帐一样的棚罩，挂于棚架上，底边埋于地下，留下门口，门口上安上拉锁，这个装置就是为了不让蝗虫跑出和便于进棚喂养、管理。棚的高度1.5~2米即可，为了保温或防雨，棚外可罩塑料布。在温度高的时候和蝗虫较大（三龄以上）不怕下雨，可不罩塑料布。如利用自然条件养殖飞蝗，棚的建造必须在四月底前完工，选择阳光充足的地方为宜。

（2）卵的孵化与管理

在气温达到25℃~30℃时，即可孵化，自然气温在五月上旬便到。先准备无毒土壤，锯末2：1，含水量10％~15％，铺2~3厘米的器皿中，将蝗卵布均于土上，卵上再盖约1厘米厚的土，器皿上再上层薄膜。每半天检查一次，发现幼

5~7天脱一次皮，脱一次皮即为一龄，壮的脱皮快，弱的脱皮慢，在孵化过程中出土也有先后之分。三龄以上飞得特别快，食量逐步增大。此时要保证棚内有充足的食物，首先蝗虫吃不饱会影响正常生长。另外会出现强食弱大吃小的现象，尤其是正在脱皮的蝗虫不能动，体质又很软，有被吃掉咬伤的危险。三龄以上蝗虫可加麦麸。1~2天清棚一次，保持棚内干净。蝗虫经五次脱皮以后，即成长为成

蝗后，用软毛刷将幼蝗拨到棚内的食物上。经12~15天的孵化过程，孵出全部幼蝗。幼蝗喜食鲜嫩的麦苗、玉米苗、杂草等单子叶，但食量很少，1~3龄的幼蝗应注意防雨。温度最好能控制在25℃~30℃之间，光照在12小时以上，湿度保持15%左右，因为在这样的条件蝗虫最活跃，喜食，有利于生长。三龄内飞蝗喜欢群居。

（3）3龄以上至成虫的饲养管理

幼蝗自出卵后

虫，这个时间约为6月15日左右，飞蝗一般羽化后10～15天进入性成熟期，开始交尾，此时的飞蝗很肥壮，除留下部分产卵的蝗虫外，其它蝗虫可到市场销售，时间在7月初最为适宜。

（4）产卵前后的管理

雌蝗在交尾后，腹部逐步变的粗长，黄褐色加深，雄蝗则呈现鲜黄色。此时要将棚的地面整齐、拍实，以利于雌蝗的产卵，如棚大飞蝗少，为了产卵集中便于日后取卵，可将棚内部分地面用塑料布盖住，只留下向阳处部分地面，做为产卵区。棚内湿度保持15%左右，此时的蝗虫食量很大，应认真供足。雌蝗在7月10日左右开始产卵，雌蝗的产卵器粗短而弯曲，为两对坚硬的凿状产卵瓣，以此穿土成穴产卵。在产卵的同时分泌胶状液，凝固后在卵外形成耐水性的保护层，将卵围成一个卵块，对卵的越冬起保护作用。

东亚飞蝗的卵块为褐色，略呈圆筒形，中间略弯，一般长40~70毫米不等。每块蝗卵有卵粒35~90多粒，也有极少数超过100粒的。此为夏蝗。蝗卵产于棚内土中，用于孵化第二代"秋蝗"的卵，在棚中可以不动，在温度、湿度、光照等达到孵化条件时，第二代秋蝗幼蝗会自然出土，时间在7月20至25日左右，准备出售或暂不用于第二代的蝗卵，要及时取出，用湿度为10%~15%的土，一层土一层卵，最后一层是土的装法，装于大罐头瓶中，将瓶口密封，放于5度的冰箱内保存。产卵前后的饲养条件方法，与三龄以上的蝗虫基本相同。所不同的是每天光照要达16小时，饲料要充足和多加些精饲料。

昆虫的功用

蜜蜂全身都是宝

蜜蜂是人类最珍贵的饲养昆虫之一，它与人类的交往有漫长的历史。蜜蜂为作物和果树授粉，提高产量，改良种子和使品种复壮，促进农业的发展，对人类作出了巨大的贡献。而蜜蜂本身的产物，如蜂蜜、蜂王浆、蜂蜡和蜂毒，每年产

量相当可观，除满足国内市场需求之外，还向国外出口，增加国家的外汇收入。

蜜蜂是人类的好朋友，每到植物开花季节，它们从早到晚在花与蜂巢间往返不息，为花传粉，为人们酿蜜，而它们自己却索取极少。有人计算蜜蜂酿成1千克蜜，需要采集200~500万朵花，往返飞行45万千米，相当于绕地球赤道11圈，而蜜蜂本身只消耗185克蜜。由于白天它们要外出采集花粉和在巢内做吞吐酿蜜工作，所以脱水通常是在夜间进行的。此时全蜂

群都扇动翅膀，使气流畅通，降低巢箱内的湿度，最后使蜂蜜的含水量降低到25%左右。蜂蜜贮满蜜室后，由工蜂分泌蜡质，盖在蜜室开口处，保存起来，至此酿蜜工作才告完成。"蜜蜂酿就百花蜜，留得香甜在人间"，这是人们对蜜蜂的赞美和感激。蜜蜂除酿蜜之外，还可以生产蜂王浆、蜂蜡、蜂胶、蜂毒等产品，不仅直接满足人们生活的需要，还为医药工业和其他工业提供原料。蜜蜂采蜜时为农作物授粉，可提高产量，其价值更高。有人曾做过统计：利用蜜蜂授粉，可使油菜增产30%～50%，棉花增产5%～12%，果树增产55%，向日葵增产30%～50%。除此之外，多能的蜜蜂还被人们誉为"昆虫矿工"。为什么给它们这个美誉呢？因为从蜜蜂采集三叶草花粉所酿成的蜜中可以提炼出稀有金属钽来。钽是电子工业和制造合成纤维必不可少的材料，但它在自然界的地壳内含量很少，含钽的矿藏很难

找到。后来发现三叶草和苜蓿能吸收和贮藏这种稀有金属，于是人们便将收割的三叶草烧成灰，从中提取钽。但这种办法成本太高，操作复杂，产量太低，从40千克的三叶草中只能提出200克钮钽来。而从三叶草花蜜中提取钽则相对来说要容易些，成本也低些。提炼200克钽所需的蜂蜜量为700千克。同时，经提炼后的蜜味道不变，仍可食用。这便是蜜蜂被授于"昆虫矿工"荣誉称号的由来。

（1）蜂蜜

蜂蜜广泛应用在医药方面、食品工业方面以及在人们家庭日常生活中。早在2200年以前的《神农本草经》中，就有关于蜂蜜的记载："蜂蜜止痛解毒，除众病，和百药，服久强志轻身，不老延年"。从这段文字记载来看，那时人们已经认识到蜂蜜的药用价值和滋补强身的作用。《本草纲目》记载，蜂蜜入药有"清热、解毒；补中（意为补中气不足，如脱

理机能。

（2）蜂王浆

蜂王浆是营养价值极高的食品，它是由"童年"工蜂的咽喉腺分泌出来的一种白色乳浆，专供蜂王享用。它含有丰富的蛋白质，多种维生素和20多种氨

肛、子宫下垂、胃下垂等病症）、润燥（如大便干燥、皮肤干裂、口干等）、止咳"等功能。很多中药丸剂也有蜂蜜在内。为什么蜂蜜被看成健康长寿的妙药呢？主要是因为蜂蜜中合有非常丰富的营养物质。据现代科学分析，蜂蜜中含葡萄糖40.5％，果糖34.48％，水分17.7％，蔗糖1.9％，糊精1.51％，灰分0.81％，其他成分（蛋白质、鞣质、蜡、树胶、挥发油、酶类、盐类及各种酸类等）3.1％。由于蜂蜜内含有多种营养物质，又容易被胃肠吸收，所以能促进人体内的新陈代谢和保持旺盛的生

基酸，其中王浆酸是其他任何食品中所没有的。蜂王从它在王台里出生的"婴儿"时期开始，一直到老死，终生都由众工蜂供给它王浆吃，所以蜂王在产卵盛期，每天可产卵1500～2000粒，其寿命是蜂群里最长的，可活5年之久，是蜜蜂王国中唯一的长寿者。

蜂王浆是人们抗衰老的主要保健食品，它含有丰富的营养物质和人体所需的氨基酸、蛋白质、类固醇、活性肽、脑激素、保幼激素和脱皮激素等，所以对人体有特殊的强身滋补功能，并能调节人体的生理机能，有助于治疗神经官能症、风湿性关节炎、肝炎、咳喘、高血压等病。

（3）蜂毒

蜂毒是由工蜂的毒腺分泌物提取而成的。蜜蜂中的工蜂是由蜂王所产受精卵孵化而成的，小幼虫最初由工蜂给以王浆吃，以后则以花蜜、花粉及水的混合物为食，所以发育到成虫，就成为没有生殖能力的雌蜂—工蜂。工蜂没有卵巢而有毒液囊，产卵管已特化为蜇针，并与毒液腺相通，蜇针平时藏于腹末端体内，当遇到敌害时，便可伸出注射毒液于敌害体内。当蜜蜂完成蜇刺

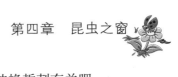

　　　　　　　飞离时，蜇针连同毒囊一起与蜂体分离，流在被害者的皮肤里，而蜜蜂也因经不起这样的肢体损失而死亡。

　　蜂毒含有几种多肽物质，是治疗风湿性关节炎、神经炎、高血压的有效药物。美国蜂疗学会最近一项研究报告说，蜂毒对风湿性关节炎、多发性硬化、抑郁症、慢性疲劳症、带状疱疹、皮肤癌等病有疗效。蜂毒具有对神经节的阻断作用，其镇痛指数高于安替比林，镇痛消炎作用是消炎痛的70倍，对神经性疾病和类风湿性关节炎均有良好的疗效。在蜂毒尚未制成以前，人们把蜜蜂放在病人患部让它蜇刺而注入蜂毒，以达到治疗的目的。据说养蜂人为了寻找蜜源植物，带着蜂群，刮风下雨都在野外宿营，但几乎没有人患风湿性关节炎，这可能与他们被蜂蜇刺有关吧。

　　（4）蜂蜡

　　蜂蜡是由工蜂体内的蜜汁经吸收分解形成的。然后通过腹部末端的蜡板分泌腺分泌出来。蜂巢就是用蜂蜡造成的。工蜂每生产1千克蜂蜡，需要消耗20千克蜂蜜，由此可见生产蜂蜡代价之昂贵。蜂蜡用途很广，它是制造雪花膏、地板蜡、蜡笔、复写纸等的主要原料。

⊕ 侦破大案显身手

　　每当人们见到那形形色色甚至奇形怪状的死尸时，一般人都有惨不忍睹、毛骨悚然之感，自然也就不会留意到死尸上爬行或飞舞的昆虫了，或者视而生厌以避之。然而，谁会想到正是这些令人生厌的

小虫有时会成为案件侦破的有力见证，甚至成为某些疑难案件的突破口呢？这正是国际上自80年代以来，快速发展的一门学科——法医昆虫学所研究和解决的问题。

（1）小昆虫侦破大案件

用昆虫"侦破"案件的典型实例不胜枚举。据报道，1984年11月25日天，在一个僻静处，发现了加州一大学生被害。当时，难以判明被害人确切的被害时间。然而，尸体上出现的昆虫使案情出现了转机。法医昆虫学家根据尸体上发现的丽蝇卵，确定被害人是在气温20℃以上的温暖天气被害的，因为

丽蝇只有在气温高于20℃时才产卵。核查气象部门的报告，发现这名女学生失踪的第一天气温正好高于20℃。由此并汇集其他线索分析判断，该女生失踪当天即被害。随之案情真相大白，凶犯难逃法网。这起案例当时不仅引起了昆虫学界的关注，也震动了司法当局。从此，法医昆虫被美国司法部确立为判断人体死亡时间的有效工具之一。近期，发生在美国的另一起枪杀疑难案件，也由昆虫"告破"。有人在南卡罗来纳州的乡间平房中发现一具女尸，解剖证明被害人死于头部的小口径来福枪伤，同时发现尸体上有大量的蝇类幼虫，即蝇

蛆。调查人员在取样中收集到142只蝇蛆和10只蝇蛹，经鉴定是红兴丽蝇和裸芒综蝇。研究人员根据这两种蝇的发育生物学和当地气象情况分析确定，被害人死亡时间是10月24日或25日。调查人员依据这个至关重要的判定进行排查，很快找到了嫌疑犯。最后凶犯招供，是10月24日下午用来福枪杀死被害人。小小昆虫被誉为"破案"小英雄，真是名不虚传。

（2）法医昆虫"破案"的秘密

丽蝇又叫绿头苍蝇，生活在尸体及粪便中，大家对它们都时望而生厌。读了上文，一定对这些昔日的恶名小虫，一跃而成为今日的"小英雄"刮目相看了吧。那么这些法医昆虫为什么会破案？依据的

原理又是什么呢？原来，在人尸体上出现的昆虫，按其生活习性可分为尸食性、腐食性、食皮性、食角质性等几大类，另外还有一些昆虫种类虽与尸体无直接关系，但却是这些法医昆虫的捕食者或寄生者。正是通过这些种类各异的法医昆虫的"亮相"，来判断死亡时间或是否有异地移尸等等，成为破案的重要突破口。

昆虫学家的研究证实，侵食人尸体的昆虫遵循基本的生态群落演替原理。特定的昆虫开拓并占据新的生活环境，可以利用其中的资源，从而改造这种环境，有利于随后到来的昆虫在其中生活。这种从开拓者到随后陆续到来的后继者形成的演替序列，代表了生态演替的一般规律。从尸体出现到腐烂和分

解的不同阶段，有不同的昆虫种类组成和数量变化，这种类群与数量的变化就是生态群落演替的一个典型范例，也是法医昆虫学最基本的原理。此外，昆虫在尸体上的演替序列和出现时间，会随温度及周围其他环境因子的变化而浮动，但到达次序比较固定。当最后的种类出现时，早期的种类早已消失。

科研人员研究发现，在节肢动物取食和分解尸体的附产物时，对土壤动物也会有影响。如果尸体上的动物增多时，土壤中原有的动物就几乎完全消失。这样，就可以在短距离内判定是否移尸，并确定原先停尸处。若推测远距离移尸，则还要依赖于食尸昆虫的地区分布类群和特有种类。在确定尸体的异地移动时，若甲地发现了乙地的特有种，说明尸体原来在乙地。可以说，地区的特有种类往往是推断移尸最有效最直接的证据。

（3）法医昆虫群星谱

在尸体腐烂过程中，侵入并在尸体上生活的昆虫主要有丽蝇、麻蝇。此外，在北京地区还有阎甲科、皮蠹科、埋葬虫科等的甲虫，它们是尸体的主要取食和破坏者，属尸食性；金龟子科和拟步甲科的昆虫，是典型的粪食性或腐食性的

种类；步甲科和隐翅虫科的甲虫，兼有捕食和食腐肉两种取食特性，可能既取食尸体、又捕食尸体上的其他昆虫，特别是捕食双翅目幼虫；有一些属偶然的闯入者，如象甲科和虎甲科的种类。还有一些杂食性的。如蚂蚁、胡蜂等。另外还有一些食尸的其他小动物，如蜘蛛、百足虫等。

法医昆虫学在早期将节肢动物侵食尸体的过程分为8个相互衔接的演替阶段。后来一些学者根据自己的研究结果，对此有所归并。

近几年来，我国学者研究认为，尸体腐烂过程划分为侵入期、分解期和残余期3个阶段较合适。同时，还提出了各阶段不同昆虫的类群。也正是它们一时成为"破案"的重角色。

侵入期：以双翅目蝇类为主。这一类群在尸体上的生命活动、产卵、幼虫发育、以及世代交替等相关信息，是死亡时间推断的重要依据。

分解期：尸体上不仅仍有蝇类出现，更重要的是鞘翅目的各类甲虫开始侵入，而且种类和数量在逐渐丰富。在此阶段，甲虫出现的种类组成和数量变化显得非常重要，其原因是由于蝇蛆的发育变化往往超过了1个世代，因而若主要以蝇蛆发育程度或虫龄来作为推断被害者的死亡时间，其可靠性不高。

残余期：一般出现的昆虫数量极少。除了阶段性昆虫类群以外，地理区域特点、季节与温度、环境条件、尸体有否受伤或裸露等，是出现的昆虫种类、侵食尸体时序的几个重要影响因素。

法医昆虫学近年来在国际上有了很大发展，已逐步形成一门成熟的学科。当代许多高新技术也被应用于此学科，特别是昆虫的分类学、生物学、生态学、发育、生理生化、分子遗传及计算机分折等方面的技术等。因此，法医昆虫将会在案件侦破中更显示其神威了。

⊕ 昆虫的其他用途

　　昆虫种类之多，无奇不有，或是形态奇特，或是习性有趣。举个例子，在北京等地的柳树基部常常可见许多蚂蚁在忙碌，还可见到基部树皮上有一泥覆盖，拨开来可发现一些个儿比较大的蚜虫。这种蚜虫叫柳长喙大蚜，体长可达4毫米，最奇的是它的喙（即嘴），比体还长，最长可达8毫米。但想一想也就不奇怪了，它要穿过厚厚

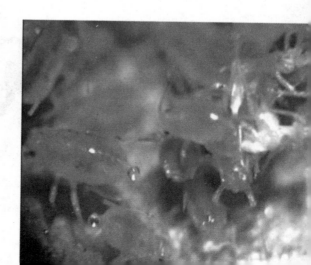

的树皮，达到里面的韧皮部才能吸到树的汁液。如果嘴不长，怎么能吸到食物呢？如果我们认真调查一番，发现它一定是与蚂蚁共生。蚜虫把营养丰富的排泄物（称之为蜜露）作为礼物送给蚂蚁；而蚂蚁为它们盖房子，保护蚜虫的安全。如果不与蚂蚁合作，这种蚜虫自己是不能生活的。因为在地面上有很多蚜虫的天敌，如一些步甲（步行虫），没有蚂蚁的保护，这种蚜虫没法活。这主要是由它的生活习性所决定的。用喙穿刺厚厚的树皮不是一件容易的事，要把喙拔出来也

同样不容易；如果有步甲等天敌到来，没有蚂蚁的保护，它们只有束手待毙。因此这种蚜虫只能与蚂蚁结盟，没有其他出路。

而树上其他蚜虫有多种防御方法。

实际上，如果我们对昆虫进行认真而深入的观察研究，就会发现各种昆虫均有它们的生存之道，否则在历史的长河中，它们早被淘汰了。它们与相关的植物或动物之间有着丰富的哲理关系，这些均是昆虫在漫长的进化过程中，对大自然或与其他生物相互适应的结果。

昆虫的生活场所

$昆$ 虫种类繁多，因此，它们的生活方式与生活场所也必然是多种多样的，而且有些昆虫的生活方式和生活本能的表现很有研究价值。可以说，从天涯到海角，从高山到深渊，从赤道到两极，从海洋、河流到沙漠，从草地到森林，从野外到室内，从天空

到土壤，到处都有昆虫的身影。不过，要按主要虫态的最适宜的活动场所来区分，大致可分为五类：

（1）在空中生活的昆虫

这些昆虫大多是白天活动，成虫期具有发达的翅膀，通常有发达的口器，成虫寿命比较长。如蜜蜂、马蜂、蜻蜓、苍蝇、蚊子、牛虻、蝴蝶等。昆虫在空中活动阶段主要是进行迁移扩散、寻捕食物、婚配求偶和选择产卵场所。

（2）在地表生活的昆虫

这类昆虫无翅，或有翅但已不善飞翔，或只能爬行和跳跃。有些善飞的昆虫，其幼虫期和蛹期也都是在地面生活。一些寄生性昆虫和专以腐败动植物为食的昆虫（包括与人类共同在室内生活的昆虫），也大部分在地表活动。在地表活动的昆虫占所有昆虫种类的绝大多数，因为地面是昆虫食物的所在地和栖息处。这类昆虫常见的有步行虫（放屁虫）、蟑螂等。

（3）在土壤中生活的昆虫

这些昆虫都以植物的根和土壤中的腐殖质为食料。由于它们在土壤中的活动和对植物根的啃食，使得它们成为农业、果树和苗木的一大害。这些昆虫最害怕光线，大多数种类的活动与迁移能力都比较差，白天很少钻到地面活动，晚上和阴雨天是它们最适宜的活动时间。这类昆虫常见的有蝼蛄、地老虎（夜蛾的幼虫）、蝉的幼虫等。

（4）在水中生活的昆虫

有的昆虫终生生活在水中，如半翅目的负子蝽、田鳖、龟蝽、划蝽等，鞘翅目的龙虱、水龟虫等；有些昆虫只是幼虫（特称它们为稚虫）生活在水中，如蜻蜓、石蛾、蜉蝣等。水生昆虫的共同特点是：体侧的气门退化，而位于身体两端

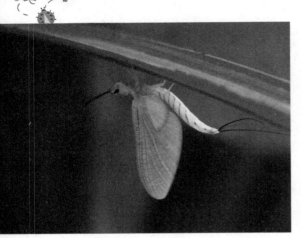

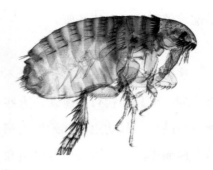

的气门发达或以特殊的气管鳃代替气门进行呼吸作用；大部分种类有扁平而多毛的游泳足，起划水的作用。

（5）寄生性昆虫

这类昆虫的体型比较小，活动能力比较差，大部分种类的幼虫都没有足或足已不再能行走，眼睛的视力也减弱了。有些寄生性昆虫终生寄生在哺乳动物的体表，依靠吸血为生，如跳蚤、虱子等。还有的昆虫则寄生在动物体内，如马胃蝇。另一些昆虫寄生在其他昆虫体内，对人类有益，可利用它们来防治害虫，称为生物防治。这些昆虫

主要有小蜂、姬蜂、茧蜂、寄蝇等。在寄生性昆虫中，还有一种叫做重寄生的现象。就是当一种寄生蜂或寄生蝇寄生在植食性昆虫身上后，又有另一种寄生性昆虫再寄生于前一种寄生昆虫身上。有些种类还可以进行二重、三重寄生。这些现象对昆虫来说，只是为了生存竞争的一种本能。